Kommunikation ist Chefsache

Dr. Rainer Zitelmann

Kommunikation ist Chefsache

Die 10 goldenen Regeln für Manager

Dr. Rainer Zitelmann

ambition

Bibliografische Information der
Deutschen Nationalbibliothek

Die Deutsche Nationalbibliothek verzeichnet diese Publikation in der Deutschen Nationalbibliografie;
detaillierte bibliografische Daten sind im Internet über
http://dnb.d-nb.de abrufbar.

ISBN 978-3-942821-12-4

www.ambition-verlag.de
Lektorat: Dr. Harald Henzler, München
Layout: bora-dtp.de, München
Umschlaggestaltung: Vierthaler&Braun, München
Druck: Westermann Druck Zwickau GmbH

Printed in Germany

Inhalt

Vorwort

Ich möchte Ihnen die Geschichte von zwei Managern erzählen, die ich beide seit über zehn Jahren kenne und schätze. Der eine ist derzeit ohne Job. Obwohl er viele Gespräche führt, hat zu dem Zeitpunkt, da ich diese Zeilen schreibe, noch kein Unternehmen „angebissen". Der andere wurde von zahlreichen Headhuntern und von renommierten Firmen umworben und ist kürzlich bei einem der führenden Unternehmen seiner Branche Vorstand geworden. Beide sind Anfang 40. Beide verfügen über wirklich erstklassige fachliche Kompetenzen. Beide sind hoch intelligent und zudem auch sehr sympathisch.

Aber in einer Hinsicht könnten sie nicht unterschiedlicher sein: Der eine hat seit zehn Jahren einen großen Teil seiner Zeit darauf verwandt, sich zu positionieren. Als ich ihm von der These des amerikanischen Marketingexperten Al Ries berichtete, ein Top-Manager solle mindestens 50 Prozent seiner Zeit mit PR verbringen, stimmte er mir sofort zu. Er hat viel Zeit investiert, um auf Kongressen zu referieren, Artikel für Fachzeitschriften zu verfassen, mit Journalisten zu sprechen und sich in Branchenverbänden zu engagieren.

Der andere hat all dies nicht getan. Er hatte einen Mentor, der im Lichte der Öffentlichkeit stand, er selbst stand aber stets in dessen Schatten. Er hat kaum einmal auf einem Fachkongress gesprochen, keine Aufsätze veröffentlicht und Medienarbeit ist ihm immer fremd gewesen.

Das Beispiel hat mir verdeutlicht, wie wichtig die Kommunikation für eine Führungskraft ist. Der Management-Experte Peter Drucker betonte: „Sobald Sie von der untersten Stufe aus auch nur einen einzigen Schritt aufsteigen, steht und fällt Ihr Wirkungsgrad mit Ihrer Fähigkeit, andere durch Ihr gesprochenes und geschriebenes Wort zu erreichen.“[1]

Dabei ist die eigene Positionierung als kompetenter Manager beziehungsweise als angesehener Experte nur ein Nebeneffekt, der sich automatisch ergibt. Profitiert haben bei jenem Manager, der viel Zeit für die Öffentlichkeitsarbeit verwendet hat, natürlich in allererster Linie die *Unternehmen*, die er repräsentierte und für die er ein guter Botschafter und Kommunikator war.

Dass wir heute im Kommunikationszeitalter leben, scheint eine banale Feststellung zu sein. Was aber heißt das für Sie als Manager?

Es ist sehr viel schwieriger als früher, Aufmerksamkeit für Ihre Produkte und Dienstleistungen zu erringen. Denn niemals zuvor waren die Menschen einer so großen Reizüberflutung ausgesetzt. Wir leben in einer „überkommunizierten" Gesellschaft, in der so viele Marktteilnehmer Botschaften aussenden, dass die meisten von ihnen untergehen, ohne dass die potenziellen Kunden sie überhaupt auch nur beachten. Unser Gehirn wehrt sich gegen die Lautstärke und Intensität der Signale, die via Fernsehen, Internet, Zeitungen und anderen Medien auf uns einströmen, indem die meisten Informationen einfach ausgesondert werden. Ein Beispiel dafür ist die klassische Werbung, die auch aus diesem Grund immer wirkungsloser wird. In den USA nutzen 70 Prozent der Fernsehzuschauer verschiedene Möglichkeiten, der TV-Werbung aus dem Weg zu gehen. Allein jeder Dritte verlässt während der Werbeeinblendungen den Raum. 78 Prozent der Deutschen geben an, sich durch TV-Werbung gestört zu fühlen – und der Anteil derjenigen, die sich sehr gestört fühlen, steigt ständig.[2] Kein Wunder: Allein in den Jahren 2003 bis 2008 stieg die gesendete Werbezeit im deutschen Fernsehen von 45 auf 73 Stunden pro Tag an.[3]

„Das Paradoxe an unserer überkommunizierten Gesellschaft", sagen die amerikanischen Marketingexperten Al Ries und Jack Trout, „ist, dass Kommunikation das Wichtigste überhaupt darstellt. Wenn Sie die Kommunikation im Griff haben, kann Ihnen alles gelingen. Ohne sie geht gar nichts.“[4] Nicht nur für Ihr Unternehmen, sondern auch für Ihr eigenes berufliches Vorankommen wird die richtige Positionierung immer wichtiger. Schon immer war es so, dass derjenige, der sich gut mündlich und schriftlich ausdrücken konnte, einen Vorteil im Leben hatte, natürlich auch im Wirtschaftsleben. Heute ist es jedoch andersherum: Derjenige, der *nicht* wirkungsvoll kommunizieren und sich positionieren kann, hat nur noch geringe Chancen, diese Defizite durch fachliches Know-how und andere Fähigkeiten auszugleichen.

Wir leben in einem Zeitalter der Skepsis, in dem die meisten Menschen Botschaften von Unternehmen erst einmal mit einem gewissen Misstrauen begegnen. Nur noch 21 Prozent der Deutschen halten Vorstände von Unternehmen für glaubwürdig, womit diese sogar noch einen Prozentpunkt hinter den Regierungsvertretern rangieren, so das Ergebnis des Edelman Trust Barometers 2012.[5] Zum Vergleich: 59 Prozent der Deutschen halten technische Experten in Unternehmen für glaubwürdig. Oftmals befinden Sie sich als Unternehmer oder Manager in der Defensive, bevor Sie überhaupt begonnen haben, Ihre Argumente vorzutragen. Zudem haben Sie dafür immer weniger Zeit, weil die Kommunikation immer schneller geworden ist. Manchmal haben Sie nur drei oder vier Sätze – und wenn Sie mit diesen Sätzen nicht das Interesse Ihres Adressaten geweckt haben, ist dieser schon nicht mehr bereit, weiter zuzuhören.

Wenn Kommunikation so entscheidend für Manager ist, warum beschäftigen sich viele von ihnen so wenig damit? Vielleicht weil sie glauben, die Fähigkeit, gut zu kommunizieren, sei ein Talent, das man entweder besitzt oder nicht. Vielleicht auch, weil sie glauben, Manager und Unternehmen, die für gute Produkte stünden, setzten sich schon automatisch durch.

In unserer modernen Mediengesellschaft wird jedoch nur der wahrgenommen, der neben fachlichen auch über kommunikative Kompetenzen verfügt und die Gesetze der Positionierung kennt.

In diesem Buch geht es vorwiegend um die externe Unternehmenskommunikation, das heißt, wie Sie Ihre Firma nach außen darstellen. Natürlich gelten viele Tipps auch für die interne Kommunikation in Ihrer Firma.

Sie erfahren, warum es so wichtig ist, sich genug Zeit für Public Relations zu nehmen und warum Sie zwar die Hilfe von Kommunikationsprofis in Anspruch nehmen dürfen und sollen, aber einen großen Fehler machen, wenn Sie die Medienarbeit komplett an diese delegieren. Ich werde dabei nicht die Details der Presse- und Öffentlichkeitsarbeit beschreiben, denn die müssen Sie als Manager nicht alle beherrschen. Deshalb werde ich Sie nicht damit langweilen, wie man genau eine Pressemitteilung schreibt oder eine Pressekonferenz organisiert. Dafür haben Sie – hoffentlich – Ihre Kommunikations-Fachleute oder eine Agentur.

Sie erfahren jedoch, wie Sie lernen, klare, verständliche, einfache und wirksame Botschaften zu formulieren – mündlich wie schriftlich. Sie erfahren, was Sie unbedingt beachten müssen, wenn Sie mit Journalisten kommunizieren, und wie gefährlich es ist, wenn Sie negative Glaubenssätze über diese Berufsgruppe pflegen. Wenn Sie Journalisten als Ihre Feinde sehen, ist es gut möglich, dass diese es auch irgendwann werden. Und zwar wahrscheinlich genau dann, wenn Sie es am wenigsten gebrauchen können, nämlich in einer schweren Unternehmenskrise.

Sie erfahren in diesem Buch, wie Sie sich und Ihr Unternehmen richtig positionieren. Sie müssen für bestimmte Tätigkeiten mehr Zeit aufwenden als bisher – und können dafür andere Dinge, die viel Zeit kosten, künftig getrost lassen. Dazu gehören beispielsweise sinnlose Workshops, bei denen am Schluss die Formulierung von Wortschaum-Unternehmenszielen steht, die Sie in der Praxis nicht weiterbringen.

Und dann geht es in diesem Buch darum, wie Sie sich vor einem größeren Publikum richtig präsentieren. Ich habe in den vergangenen zehn Jahren über 1000 Vorträge von Managern gehört – und möchte Ihnen aus dieser reichhaltigen Erfahrung praktische Tipps geben, wie Sie Ihre Fähigkeit, vor anderen Menschen zu sprechen, rasch und deutlich verbessern können.

Eine der wichtigsten Aufgaben für einen Manager ist es, die richtigen Leute für sein Unternehmen an Bord zu holen. Auch das ist eine kommunikative Aufgabe, die Sie ebenso wenig allein Ihren HR-Leuten überlassen dürfen, wie Sie die Pressearbeit nicht allein Ihren PR-Leuten überlassen dürfen. Auch diesem Thema habe ich ein Kapitel gewidmet.

Ich habe das Buch bewusst knapp gehalten, weil Manager in der Regel keine Zeit haben, dicke Bücher zu lesen. Ich selbst kenne keinen einzigen Manager, der eines der zahlreichen umfangreichen Bücher über „Wirtschaftsrhetorik für Manager", „Corporate Speaking", „CEO-Kommunikation" usw. gelesen hätte. So interessant und lehrreich diese Bücher auch sind – sie sind erstens viel zu dick, zweitens viel zu akademisch geschrieben und drittens viel zu detailliert, als dass Unternehmenslenker sie lesen würden.

Da sich dieses Buch an Manager richtet, habe ich theoretischen Ballast weggelassen, zumal er für dieses Thema auch nutzlos ist. Und ich bringe dreierlei praktische berufliche Erfahrungen ein, die Ihnen nützen: Erfahrung als Unternehmer, Erfahrung als ehemaliger Journalist und nicht zuletzt zwölf Jahre Erfahrung als Positionierungs-Berater.

Dieses Buch richtet sich nicht an Kommunikationsberater. Aber es kann für viele von ihnen nützlich sein, wenn sie es den Vorständen und Geschäftsführern, für die sie tätig sind, in die Hand drücken können, um ihnen zu verdeutlichen, wie wichtig Kommunikation ist. Das Buch ist für Vorstände und Geschäftsführer von Unternehmen geschrieben. Was nicht heißt, dass nicht auch Freiberufler und Selbständige ihren Nutzen daraus ziehen können. Ich habe das Manuskript einigen Freunden gegeben, die als Selbständige und Freiberufler ihr Geld verdienen, und sie haben mich gefragt, warum ich nur Vorstände oder Geschäftsführer anspreche, obwohl die hier behandelten Themen zur Kommunikation für sie ebenso wichtig sind. Stimmt.

Das Buch soll Sie anregen, neu über die Prioritäten in Ihrem Job nachzudenken, ob als Vorstand, Geschäftsführer, Selbständiger oder Freiberufler. Und deshalb beginne ich gleich im ersten Kapitel mit der Frage, wie viel Zeit Sie sich für Kommunikation nehmen wollen.

Dr. Rainer Zitelmann, März 2012

1

Nehmen Sie sich genug Zeit für Kommunikation

Kommunikation ist Chefsache. Wenn Sie Vorstand oder Geschäftsführer eines Unternehmens sind, gehört die Kommunikation zu Ihren zentralen Aufgaben. Nicht umsonst heißt der wichtigste Mann in einem Unternehmen oftmals auch „Sprecher des Vorstandes“ oder „Sprecher der Geschäftsführung“. „Wenn früher die Maxime galt, ein Unternehmen möglichst still und unscheinbar zu führen, so können Sie das heute nicht mehr postulieren“, sagt Daimler-Chef Dieter Zetsche. „Ein Teil des Unternehmenserfolgs hängt davon ab, sich in der Öffentlichkeit positiv zu behaupten.“[1]

Delegieren ist eine gute Sache. Aber die Sprecherfunktion können Sie nicht delegieren. Sicherlich können Sie manche Aufgaben an einen Pressesprecher übertragen, aber meine Erfahrung aus zwei Jahrzehnten als Journalist und als Positionierungs-Berater ist eindeutig: Bei wirklich wichtigen Dingen wollen die Journalisten nicht mit einem Pressesprecher reden, sondern mit Ihnen, dem Chef des Unternehmens.

Im Grunde besteht Ihr ganzer Tag aus Kommunikation: Kommunikation mit Ihrem Management beziehungsweise Ihren Mitarbeitern, Kommunikation mit Kunden, Vertriebspartnern, Geschäftspartnern, Banken, eventuell mit der Politik, der Verwaltung – und eben mit den Medien. In diesem Kapitel geht es vor allem um die Kommunikation mit den Medien.

Obwohl das eine der wichtigsten Aufgaben eines leitenden Managers ist, widmen viele Unternehmensführer diesem Thema viel zu wenig Aufmerksamkeit und Zeit. Al Ries, einer der renommiertesten Marketingexperten der USA, geht sogar so weit, zu empfehlen: „Public Relations ist für den langfristigen Erfolg eines Unternehmens und seiner Marken so wichtig, dass der CEO davon ausgehen sollte, wenigstens die Hälfte seiner Zeit für die PR-Arbeit zu verwenden.“[2]

Sie halten das für übertrieben? Nun ja, vielleicht. Aber zu denken geben sollte Ihnen folgendes Ergebnis einer Studie zum Thema Kommunikation von Vorstandsvorsitzenden, die auf einer Befragung der Vorstände von Dax- und M-Dax-Unternehmen basiert: „Die befragten Vorstandsvorsitzenden geben an, von den Kommunikationsanforderungen in gewisser Weise überrascht worden zu sein. Anders als bei ihren vorherigen Funktionen stünden sie als Vorstandsvorsitzende mit ihrer gesamten Person im kommunikativen Fokus, insbesondere in der Presse. Dabei räumen sie der Unternehmenskommunikation nicht nur unerwartet viel Zeit und Aufmerksamkeit (bis zur Hälfte ihrer Arbeitszeit), sondern vor allem auch eine hohe strategische Bedeutung ein."[3]

Auch wenn Sie sich als Führungskraft dauernd in Gesprächssituationen befinden und der Ansicht sind, schon ein Kommunikationsprofi zu sein, so gibt es doch eine Reihe von wichtigen Unterschieden und Besonderheiten zur Kommunikation mit Medien: Im Unternehmen kommunizieren Sie mit Mitarbeitern, denen Sie aufgrund Ihrer Rolle auch Dinge vorgeben können und oft auch müssen. Meist sind letztlich Sie „am längeren Hebel". In der Kommunikation mit Medien ist das meist genau andersherum: In der Regel ist der Journalist am „längeren Hebel". Gerade wenn Sie nicht so geübt in der Kommunikation mit Medien sind, werden Sie vor zahlreiche neue Situationen gestellt, in denen Sie sich lange nicht so sicher fühlen wie bei den eingespielten, täglichen Kommunikationsaufgaben – und in denen Fehler erheblich größere Auswirkungen haben. Die Deutsche Bank musste gar 800 Mio. Euro an die Erben des Medienunternehmers Leo Kirch zahlen, weil ihr ehemaliger Vorstand Rolf Breuer einen unbedachten Satz in einem Fernsehinterview geäußert hatte.

Selbst Unternehmen, von denen Sie das nicht glauben sollten, sind heute in erster Linie Kommunikationsspezialisten. Werfen wir einen Blick auf die Immobilienbranche: Erfolgreiche Projektentwickler, die beispielsweise große Einkaufszentren planen und errichten, müssen natürlich eine Menge von Architektur und Planungsrecht sowie vom Einzelhandel verstehen. Vor allem müssen sie jedoch Kommunikationsspezialisten sein. Denn jedes neue Projekt steht im Fokus einer kritischen Öffentlichkeit. Bürgerinitiativen und kritische Medienberichte beeinflussen die Entscheidungsträger der Politik. Und dies führt dazu, dass viele Projekte blockiert und nicht umgesetzt werden können. Dies gilt auch für zahlreiche Infrastrukturprojekte. Im Jahr 2011 stellte der Hauptverband der Deutschen Bauindustrie fest, dass allein 53 Infrastrukturprojekte mit einem Volumen von 46 Mrd. Euro blockiert wurden. In vielen Fällen lag das daran, dass die Bedeutung der Kommunikation unterschätzt wurde. Stuttgart 21 ist nur eines von vielen Beispielen. Stuttgart 21 ist heute überall.

Insgesamt stehen Unternehmen heute stärker im Fokus von Politik und Medien, als dies früher der Fall war. „Noch nie wurden Topmanager so häufig vor politische Gremien zitiert, mussten auf der Anklagebank Platz nehmen oder füllten die Schlagzeilen der Massenblätter wie heute … Jeder Unternehmensführer kann plötzlich im Rampenlicht der Öffentlichkeit stehen – weil Stellen abgebaut werden, ein Betrieb verlagert wird, ein Unfall passiert ist, ein Produkt zurückgerufen werden muss, weil Preiserhöhungen zum Gegenstand einer öffentlichen Debatte werden oder weil ein Unternehmen wegen versiegender Gewerbesteuerzahlungen an den kommunalen Pranger gestellt wird."[4]

Sich mit den politischen Entscheidungsträgern gut zu stellen und zu hoffen, dann werde alles gut gehen, ist eine Illusion. Bürgerinitiativen, Globalisierungsgegner, Tierschützer, Umweltschützer, Menschenrechtsgruppen oder Dritte-Welt-Aktivisten melden sich zu Wort, um wirkliche oder vermeintliche „Vergehen" eines Unternehmens öffentlich anzuprangern. Dabei genügt schon der Verdacht, dass ein wichtiger Zulieferer Ihres Unternehmens irgendwo auf der Welt nach Meinung dieser Gruppen bestimmte Umweltstandards oder soziale Standards nicht einhält – und schon hat das eigene Unternehmen mit negativen Schlagzeilen zu kämpfen.

Wir leben heute in einem Zeitalter der Skepsis. Bürger, Kunden und sogar Mitarbeiter stehen heute anders zu Unternehmen und Institutionen, als dies früher der Fall war. Sie sind grundsätzlich skeptisch und stellen die Glaubwürdigkeit von Unternehmenslenkern – ebenso wie die von Politikern – erst einmal in Frage und vermuten selbst dann unlautere Motive der Unternehmen, wenn es dafür bei unvoreingenommener Betrachtung eigentlich keinen guten Grund gibt.

Der amerikanische Autor Michael Maslansky hat es auf den Punkt gebracht: „Vertrauen ist out, Skeptizismus ist in.“[5] Sie können noch so gute Argumente vorbringen – für viele Bürger sind das nur „Halbwahrheiten“, und sie sind nicht bereit, wirklich zuzuhören, weil Sie als Unternehmer oder Manager von vornherein unter dem Generalverdacht stehen, in Wahrheit gehe es Ihnen nur um den Profit.

Manche Unternehmen sind deshalb der Meinung, es sei besser, „gar nicht“ zu kommunizieren und den Kontakt mit den Medien so weit wie möglich zu meiden. Dahinter steckt meist die Angst davor, Gegenstand kritischer medialer Berichterstattung zu werden. Dabei ist diese Gefahr sehr viel höher, wenn Sie sich vor den Medien verstecken. Allein die Tatsache, dass Sie nicht aktiv kommunizieren, macht Sie aus Sicht der Medien verdächtig. Und wenn Ihr Unternehmen in eine Krisensituation kommt und Sie die Medien bis dahin weitgehend ignoriert haben, dann wird die Berichterstattung sehr viel kritischer ausfallen, als wenn Sie schon in guten Zeiten einen guten Draht zu den Medien aufgebaut haben. Hierzu mehr im vierten Kapitel.

Wie wichtig Ihnen eine Aufgabe ist, zeigt sich nicht zuletzt daran, wie viel Zeit Sie ihr widmen. Natürlich gibt es dafür keine strikte Regel, denn beispielsweise steht ein großes, national oder gar international agierendes Unternehmen stärker im Fokus der Medien als ein lokal agierender Mittelständler. Doch auch für Letzteren sind die Medien wichtig – nur sind es eben andere Medien, nämlich die lokalen Zeitungen, Branchen- beziehungsweise Fachmedien, Radiosender und, nicht zu vergessen, das Internet.

Eine Befragung von CEOs und anderen Führungskräften in der Schweiz ergab, dass jede vierte Führungskraft von Unternehmen mit über tausend Mitarbeitern mehrfach in der Woche Kontakt mit Medien hat. Insgesamt haben bei Schweizer Unternehmen ein Viertel bis ein Drittel der Führungskräfte – je nach Größe des Unternehmens – mehrere Male im Monat Kontakt zu den Medien.[6]

Natürlich unterscheidet sich die Bedeutung medialer Präsenz von Branche zu Branche. Ich berate seit zwölf Jahren Immobilien- und Fondsgesellschaften, und für diese spielen Medien eine ungeheuer wichtige

Rolle. Wer beispielsweise als Initiator von Immobilienfonds Gegenstand kritischer Berichterstattung wird, hat es schwer, seine Produkte an Anleger zu vertreiben. Umgekehrt gilt: Nichts ist wirkungsvoller als positive Artikel über ein Unternehmen oder dessen Produkte. Auf jeden Fall ist ein wohlwollender Artikel sehr viel mehr wert als jede bezahlte Anzeige, und zwar auch und gerade dann, wenn er nicht zu hundert Prozent positiv ist. Die meisten Unternehmen in dieser Branche geben kein oder nur wenig Geld für Imageanzeigen aus und konzentrieren ihre Kommunikationsbemühungen primär auf die Medienarbeit, weil sie diese zu Recht als wirksamer einschätzen.

In den USA hat man die Bedeutung von PR insgesamt besser erkannt als in Europa. Der Marketingexperte Al Ries weist darauf hin: „Alle Marketingerfolge der letzten Jahre waren PR-Erfolge, keine Werbeerfolge. Um nur einige Beispiele zu nennen: Starbucks, The Body Shop, Amazon.com, Yahoo!, eBay, Palm, Google, Linux, PlayStation, Harry Potter, Botox, Red Bull, Microsoft, Intel und BlackBerry."[7]

Howard Schultz, Gründer von Starbucks, sagt: „Es ist heute schwierig, ein Produkt über Kundenwerbung einzuführen, weil ihr die Leute nicht mehr so viel Aufmerksamkeit wie früher schenken und die Botschaft nicht glauben. Ich sehe mir das ganze Geld an, das für

Werbung ausgegeben wird, und es wundert mich, dass die Auftraggeber immer noch glauben, sie würden für ihre Investition einen Gegenwert erhalten."[8]

Ein Artikel in einer renommierten Zeitung, in dem Ihr Unternehmen oder Ihr Produkt überwiegend positiv erwähnt wird, ist glaubwürdig – Werbung dagegen nicht. Das liegt natürlich daran, dass jeder weiß, dass man Werbung kaufen kann, aber positive Beiträge in renommierten und unabhängigen Medien nicht käuflich sind. Die führenden amerikanischen Marketingexperten Al und Laura Ries haben denn auch in ihrem Buch *PR ist die bessere Werbung* die These begründet, dass sich eine „deutliche Verlagerung des Marketing-Schwerpunkts von der Werbung hin zu Public Relations feststellen" lasse.[9]

Manchen Werbeleuten geht es in Wahrheit heute auch gar nicht mehr darum, entscheidende Beiträge zum Verkauf eines Produktes zu leisten und die Verbraucher zu überzeugen, warum sie ein Produkt kaufen sollten. Sie wollen vielmehr die Menschen unterhalten – und trösten ihre Auftraggeber mit dem Hinweis auf das bekannte Bonmot von Henry Ford, die Hälfte der Werbeausgaben sei herausgeschmissenes Geld, aber er wisse leider nicht, welche Hälfte. Manchen Werbeleuten geht es eher darum, Preise für ihre Anzeigen oder Werbespots zu gewinnen, weil ihnen die Anerkennung im Kreis der „Kreativen“ wichtiger ist als ein wirksamer Beitrag zum Verkaufserfolg.

Die Werbung hat jedoch auf diese Weise immer mehr an Bedeutung verloren. Und da die Verbraucher immer kritischer werden, hat sie zugleich auch an Glaubwürdigkeit verloren. Wegen der zunehmenden Diversifizierung der Medienlandschaft werden die Streuverluste und damit auch die Kosten klassischer Werbung immer größer.

Eine amerikanische Studie zeigt, dass beispielsweise die Erinnerungswirkung von Fernsehwerbung zwischen 1965 und 2000 um fast drei Viertel sank. Konnte sich 1965 noch mehr als ein Drittel der US-Fernsehzuschauer nach einer soeben gesehenen Sendung an mindestens ein Produkt oder eine Marke erinnern, so sank diese Quote im Jahr 2000 auf nur noch neun Prozent.[10]

Eine Untersuchung in Deutschland ergab, dass bereits im Jahr 2000 mehr als 70 Prozent der befragten Leser nicht in der Lage waren, direkt nach dem Lesen eines Magazins auch nur eine einzige der darin beworbenen Marken zu nennen.[11]

An die Stelle der klassischen Werbung werden in den nächsten Jahren immer mehr das Onlinemarketing auf der einen Seite und die PR auf der anderen Seite treten. Deshalb sollten Sie als Unternehmenslenker diesen beiden Kommunikationsinstrumenten Ihre besondere Aufmerksamkeit schenken.

Wer hat es Ihrer Meinung nach einfacher: der Vertriebsmann eines Unternehmens, über das schon viele wohlwollende Artikel in den Medien erschienen sind, dessen Produkte für ihre Qualität bekannt sind – oder der Vertriebsmann eines Unternehmens, der seinen Gesprächspartnern zunächst einmal seine Firma vorstellen muss, weil sie noch nie zuvor etwas von ihr gehört haben? „Ich bin hier für ein Unternehmen, von dem Sie noch nie etwas gehört oder gelesen haben, und vertrete ein Produkt, von dem Sie ebenfalls noch nie zuvor etwas gehört oder gelesen haben." Dieser Gesprächseinstieg ist jedenfalls ungleich schwieriger als ein Gesprächseinstieg, bei dem Sie darauf setzen können, dass Ihr Gegenüber in den für ihn relevanten Medien schon über Ihr Unternehmen und über Ihre Produkte gelesen hat.

Obwohl in unserem „Zeitalter der Skepsis" die meisten Menschen auf der einen Seite auch Journalisten und Medien ziemlich kritisch sehen, so sind sie dennoch auf der anderen Seite in hohem Maße mediengläubig. Sie bilden sich ihre Meinung über Dinge, die sich außerhalb ihres unmittelbaren Erfahrungshorizonts befinden, selbstverständlich in erster Linie auf Basis von Medienberichten – woher auch sonst?

Eine Studie zeigt, dass 93 Prozent der Amerikaner und 92 Prozent der Europäer Informationen aus Artikeln und Nachrichtenberichten mehr glauben und stärker vertrauen als Werbeaussagen.[12] Und immerhin 58 Prozent der Deutschen sagen, dass sie Empfehlungen der Redaktion einer Zeitschrift vertrauen. Jeder Dritte ist sogar schon einmal mit einem Zeitschriftenausschnitt zum Händler gegangen, um nach dem Produkt zu fragen, über das dort berichtet wurde.[13] Und während 52,6 Prozent der Befragten in einer in Deutschland durchgeführten Studie angaben, dass sie Berichte in Fach- und Themenzeitschriften für glaubwürdig halten, sagten das nur 9,8 Prozent über Werbung.[14] Bei teuren sogenannten „High-Involvement-Produkten“ (also beispielsweise Finanzprodukten oder Versicherungen) gaben 60 Prozent an, dass sie Zeitungsberichte als Informationsquelle bevorzugen – nur 6,8 Prozent nannten Werbung.[15]

Obwohl wir alle Beispiele von schlecht recherchierten und unfairen Artikeln kennen, gehen wir dennoch zu Recht davon aus, dass das, was man in renommierten Medien – so etwa in überregionalen Qualitätszeitungen wie *FAZ*, *Welt*, *Handelsblatt*, *Süddeutsche Zeitung* oder *Financial Times Deutschland* – lesen kann, überwiegend stimmt. Tatsächlich sind diese Medien unabhängig und nicht käuflich. Die Wirtschaftsjournalisten dieser Medien geben sich Mühe, sachlich und fair über Unternehmen zu berichten.

Negative Medienberichte können fatale Auswirkungen auf ein Unternehmen haben: Kunden verlieren das Vertrauen, Banken reagieren nervös, Geschäftspartner sind irritiert und Mitarbeiter müssen sich in ihrem Bekanntenkreis rechtfertigen, warum sie denn in einem solchen Unternehmen arbeiten. Eine sachliche oder positive Berichterstattung schafft dagegen das, wovon ein Unternehmen lebt: Vertrauen.

Wenn Medien also so wichtig sind für ein Unternehmen, warum widmen viele Vorstände und Geschäftsführer der Kommunikation zu wenig Zeit? Dafür gibt es vor allem vier Gründe.

Der erste Grund: Wenn nicht gerade ein akuter Krisenfall eingetreten ist, dann ist Medienarbeit nicht *dringlich*. Viele Manager sind so sehr ins operative Tagesgeschäft eingebunden, dass sie überwiegend von dringlichen Aufgaben getrieben werden, so dass viele *wichtige* Aufgaben liegen bleiben. Das betrifft nicht nur die Kommunikation, sondern beispielsweise auch das Nachdenken über die Strategie, über die richtige Positionierung, über neue Produkte. Wer im täglichen Hamsterrad der Dringlichkeit gefangen ist, hat immer weniger Zeit, die wirklich wichtigen Aufgaben wahrzunehmen.

Der zweite Grund: Viele Manager haben Angst vor Medien. Sie sind unsicher, weil ihnen die Arbeitsweise und das Denken von Journalisten fremd sind. Sie haben immer wieder von Fällen gehört – oder auch solche erlebt –, in denen ein Unternehmen oder das Management Gegenstand unfairer Berichterstattung geworden sind. Manchmal fürchten Manager sogar eine Veröffentlichung ihres Privatlebens, und das mögen natürlich die wenigsten. Im fünften Kapitel werde ich mich mit dieser Angst ausführlicher befassen.
Der dritte Grund: Die meisten Manager haben von ihrer Ausbildung oder von ihrem Studium her einen Hintergrund als Ingenieure, Juristen, Naturwissenschaftler u.ä. In diesen Fächern kommt leider Kommunikation – also etwa die Fähigkeit, sich mündlich und schriftlich gut ausdrücken zu können oder in kontroversen politischen Debatten zu bestehen – ein geringerer Stellenwert zu als in Fächern der Geistes- und Gesellschaftswissenschaften, deren Absolventen aber sehr viel seltener in ihrem späteren Berufsleben zum Top-Management in der Wirtschaft gehören.
Der vierte Grund: Viele Manager sind es gewohnt, Aufgaben an andere zu delegieren. Und das ist auch gut und richtig so. Die Klärung wichtiger Steuer- und Finanzfragen delegieren sie beispielsweise an ihre Steuer- und Finanzexperten. Zentrale Aufgaben wie

die Entwicklung der Unternehmensstrategie und die Kommunikation können und dürfen jedoch nicht delegiert werden. Wer glaubt, er brauche sich um die Presse- und Öffentlichkeitsarbeit nicht zu kümmern, weil er dafür einen Pressesprecher eingestellt hat, der irrt sich ebenso wie derjenige, der glaubt, er müsse sich nicht mehr um die Strategie seines Unternehmens kümmern, weil es in dem Unternehmen eine Stabsstelle für Strategiefragen gibt.

Allzu häufig glauben Vorstände jedoch, sie müssten sich nicht mehr um die Pressearbeit kümmern, weil dies ja schließlich die Aufgabe ihres Pressesprechers sei.

Ein Beispiel: Seit zwölf Jahren veranstalte ich Seminare zur Unternehmenskommunikation, bei denen Journalisten führender Medien – wie der *FAZ*, der *Süddeutschen Zeitung*, der *Welt* oder vom *Handelsblatt* – ihre Arbeitsweise darstellen. Solche Seminare sind von ungeheurem Wert für jeden, der mit der Presse zu tun hat, weil hier einmal die Rollen vertauscht werden: Normalerweise fragt der Journalist, und der Manager steht Rede und Antwort. Bei diesen Seminaren fragen die Unternehmensvertreter, und der Journalist erklärt, wie er gerne behandelt werden möchte – und wie nicht. Er erklärt, wann er welche Informationen braucht, was er an der Kommunikation von Unternehmen schätzt und was ihn ärgert. Die Zielgruppe für diese Seminare sind sowohl Geschäftsführer und Vorstände von Unternehmen wie auch deren Pressesprecher. Die meisten Unternehmenschefs schicken ihre Presse- und PR-Leute zu diesen Seminaren, weil sie „keine Zeit" haben, sich selbst einen ganzen Tag lang aus dem Tagesgeschäft herauszuziehen.

Dabei wäre es eigentlich viel wichtiger, dass die Vorstände verstehen, wie Journalisten denken und arbeiten, denn die Presseverantwortlichen wissen das in der Regel recht gut. Und nicht selten sind es nicht sie, sondern ihre Chefs, also die Unternehmenslenker, die die Arbeitsweise von Journalisten nicht verstehen und deshalb gravierende Fehler in der Kommunikation machen – Fehler, die sich auf bittere Weise rächen können.

Natürlich müssen und sollen Sie beispielsweise Presseerklärungen nicht selbst formulieren. Aber Sie sollten wissen, wie eine gute Pressemitteilung aussehen muss und welche Fehler es unbedingt zu vermeiden gilt. Weil viele Manager dies nicht wissen, „verschlimmbessern" sie die von ihren Presseverantwortlichen entworfenen Mitteilungen durch Wortschaum oder sogar durch aufdringliche Werbebotschaften, die Journalisten verärgern. Jeder Pressesprecher und jede PR-Agentur kann ein Lied davon singen.

Zeit nehmen müssen Sie sich, um mit Journalisten persönlich zu sprechen, denn nur durch persönliche Gespräche wird Vertrauen aufgebaut. Dies kann nicht durch Pressemitteilungen geschehen. Diese Gespräche erfordern eine gründliche Vorbereitung und Zeit. In der Regel werden Sie die Journalisten in ihrer Redaktion besuchen müssen – nicht umgekehrt. Die arrogante Haltung, einen Journalisten in die Firmenzentrale „einzubestellen", weil das besser in den Terminkalender passt und weniger Zeit erfordert, kann sich – vielleicht – der Vorstandsvorsitzende der Deutschen Bank leisten. Die meisten Vorstände und Geschäftsführer von Unternehmen können dies jedoch nicht.

„Der soll doch zu mir kommen, wenn er was von mir will" – solche arroganten Sätze habe ich schon gehört, und sie zeigen, wie wenig derjenige, der das sagt, von Medien versteht. Von sich aus kommt ein Journalist in der Regel dann – sehr gerne –, wenn es etwas Kritisches zu berichten gibt. Dafür muss man aktiv als Unternehmen nichts tun. Wollen Sie Ihr Unternehmen oder Ihre Produkte jedoch überhaupt erst einmal bekannt machen und vorstellen oder über interessante, positive Neuigkeiten informieren, dann haben Sie eine Bringschuld. Oder glauben Sie im Ernst, dass ein Redakteur sich die Mühe macht, von sich aus Zeit darauf zu verwenden, eine „positive Story" zu recherchieren? Darauf sollten Sie sich nicht verlassen. Hier ist es vielmehr *Ihre* Aufgabe, Medien zu interessieren und zu überzeugen.

Wer in den Medien vorkommen will, muss sich Zeit nehmen, mit Redakteuren zu sprechen. Das kann Ihnen weder ein Pressesprecher noch eine Agentur abnehmen. Deren Aufgabe ist es, Ihnen Vorschläge für geeignete Themen zu machen, Sie kritisch als Sparringspartner zu begleiten und Ihnen bei der Vor- und Nachbereitung von Terminen zu helfen.

Die gute Nachricht: Wenn Sie einmal begonnen haben, fair und professionell mit Medien zu kommunizieren, werden Sie die Angst davor verlieren. Sie werden sogar Spaß daran haben. Und Sie werden spätestens in einer Krisensituation froh sein, dass Sie in den „guten Zeiten" ausreichend Zeit investiert haben, um durch eine ehrliche und offene Kommunikation eine Vertrauensbasis bei den für Ihr Unternehmen wichtigen Redakteuren aufzubauen.

- Kümmern Sie sich als Vorstand oder Geschäftsführer selbst um die Öffentlichkeitsarbeit.
- Negative Presseberichte kommen auch ohne Ihr Zutun, positive Berichte in der Regel nicht.
- Keine aktive Pressearbeit zu betreiben ist keine Alternative. Im Zeitalter der Skepsis machen Sie sich damit bereits verdächtig, weil die Menschen glauben, Sie hätten etwas zu verbergen.
- Sie können und sollen Unterstützung durch eine Kommunikationsagentur oder durch einen Pressesprecher suchen, aber Sie können die Kommunikation nicht an diese delegieren, sondern müssen sich selbst viel Zeit für dieses Thema nehmen.

2

Formulieren Sie klare Botschaften

Fühlen sich Manager missverstanden – von Journalisten, Analysten oder Investoren –, dann sollten sie selbstkritisch prüfen, welchen Anteil sie selbst daran haben. Einer der häufigsten Fehler besteht darin, dass zu viele und zu unklare Botschaften ausgesandt werden.

Ob es sich nun um Präsentationen, um schriftliche Verlautbarungen wie etwa Pressemitteilungen oder Gastbeiträge für Zeitungen handelt oder um Gespräche mit Redakteuren: Allzu häufig machen Manager den Fehler, sich vorher nicht gründlich genug zu überlegen, welche Botschaften überhaupt vermittelt werden sollen.

Carmine Gallo hat herausgefunden, dass dies eines der entscheidenden Erfolgsgeheimnisse in der Kommunikation von Steve Jobs war. Jobs überlegte sich bereits vor der Vorstellung eines neuen Produktes, was eine geeignete Schlagzeile für die Medien sein könnte – und wiederholte diese dann in jedem Interview, in jeder Präsentation und natürlich in der Pressemitteilung. In vielen Fällen übernahmen die Medien dann später die Botschaft wortwörtlich.[1]

Als Jobs im Januar 2008 das neue Produkt McBook Air vorstellte, erklärte er in der Präsentation: „Was ist das MacBook Air? In einem Satz gesagt ist es das dünnste Notebook der Welt.“ Unmittelbar nach der Präsentation gab Jobs dem Fernsehsender CNBC ein Interview, in dem er zweimal wörtlich wiederholte: „Das ist das McBook Air. Es ist das dünnste Notebook der Welt“, und: „Wir haben beschlossen, das dünnste Notebook der Welt zu bauen.“ Und wie lautete die Überschrift der Presseerklärung von Apple? „Apple stellt das MacBook Air vor. Das dünnste Notebook der Welt.“ In der Presseerklärung fand sich als wörtliches Zitate von Steve Jobs – damit die Medien es zitieren konnten: „Wir haben das dünnste Notebook der Welt gebaut.“[2]

Bei der Vorstellung des iPhone benutzte Jobs allein fünfmal wörtlich die Formulierung, dass Apple „das Telefon neu erfindet“. In zahlreichen Medienberichten wurde dann genau diese Formulierung aufgegriffen. „Jobs wartet nicht darauf, dass sich die Medienvertreter eine Schlagzeile einfallen lassen. Er schreibt sie lieber selbst und wiederholt sie mehrfach in seiner Präsentation. Noch bevor er die Einzelheiten zu dem jeweiligen Produkt erklärt, liefert Jobs die Schlagzeile."[3]

Bedingung dafür ist natürlich, dass Sie wissen, wie man eine journalistische Schlagzeile richtig formuliert. Wer meint, Journalisten seien bereit, inhaltsleere Marketing-Worthülsen zu drucken, die nur die Qualität des Produktes loben, wird rasch feststellen, dass das natürlich nicht funktioniert.

Ich habe nicht selten folgende Situation erlebt: Ein Journalist spricht mit einem Manager, der sich vorher zu wenig Gedanken darüber gemacht hat, welche – auch für den Journalisten – interessante Botschaft er aussenden möchte. Da der Journalist Profi ist und jeden Tag solche Gespräche führt, der Manager in der Regel jedoch nicht, gelingt es dem Journalisten meistens relativ leicht, seine eigene Agenda durchzusetzen.

Vielleicht interessiert den Journalisten beispielsweise, wie der Manager über einen Wettbewerber denkt – und der Manager lässt sich dazu verleiten, in zwei oder drei Nebensätzen darauf einzugehen. Später, wenn er den Artikel liest, wundert er sich über die Überschrift und schimpft vielleicht auf den Journalisten. Dabei hat der Journalist seinen Job sehr gut gemacht: Er hat dem Manager die für seine Leser interessanten Informationen entlockt. Der Manager wollte jedoch nicht mit bösen Bemerkungen über seine Wettbewerber in der

Zeitung stehen, sondern eigentlich andere Botschaften vermitteln.

Wenn das nicht gelingt, dann liegt das oft daran, dass die Botschaften nicht klar genug formuliert, nicht richtig im Gespräch „platziert“ und auch nicht richtig „verpackt“ wurden. Damit dies gelingt, müssen Sie die Sache vom Standpunkt des Journalisten aus sehen: Wichtig ist zunächst einmal nicht, was Sie selbst interessiert, sondern wichtig ist, sich schon vor dem Gespräch zu überlegen, was den Journalisten interessieren könnte. Und den Journalisten wird genau das interessieren, von dem er glaubt, dass es für seine Leser interessant sein könnte.

Das heißt: Sie müssen den Journalisten – so wie jeden anderen Gesprächspartner, den Sie von etwas überzeugen oder dem Sie etwas erklären wollen – richtig „abholen“. Das ist bei einem Journalisten sogar sehr viel einfacher als bei anderen Menschen, die Sie nicht so gut kennen, da der Journalist regelmäßig Artikel veröffentlicht und eine Analyse dieser Artikel leicht Aufschluss darüber gibt, was den Journalisten interessiert – und was nicht.

Ich kann nicht verstehen, wie Menschen völlig unvorbereitet in sehr wichtige Gespräche gehen. Würden Sie als Manager in eine wichtige Verhandlung mit einem potenziellen Geschäftspartner oder Kunden gehen, ohne sich vorher über ihn zu informieren? Natürlich müssen Sie diese Informationen nicht selbst besorgen. Wenn Sie einen Verantwortlichen für die Pressearbeit oder eine PR-Agentur engagiert haben, dann sollten Sie diese damit beauftragen, die Artikel zusammenzutragen, die der Redakteur zu ähnlichen Themen geschrieben hat, und daraus konkrete Folgerungen ableiten, wie ein Thema aufbereitet und „verpackt“ werden muss, um das Interesse des Redakteurs zu finden.

Jeder Journalist ist anders. Was jedoch keinen einzigen Journalisten interessiert und worauf jeder Journalist sogar „allergisch“ reagiert, das sind inhaltlose Phrasen. Solche Phrasen sind keine Botschaften. Allzu oft wird jedoch – leider auch von PR-Leuten – „Wortschaum“ formuliert: „Wir sind gut aufgestellt“ oder ähnlicher Schwachsinn. Mehr dazu später im siebten Kapitel.

Was könnte den Journalisten grundsätzlich interessieren?

1. Neuigkeiten über Ihr Unternehmen und Ihre Produkte.
2. Einschätzungen des Marktes, in dem Sie sich bewegen.
3. Meinungen über Trends in Ihrer Branche.

4. Aussagen über die künftige Entwicklung Ihres Unternehmens, über Ihre Unternehmensziele.
5. Einschätzungen und (vor allem kritische) Meinungen über Ihre Wettbewerber.

Zu den ersten vier Themen sollten Sie Fakten präsent haben, zum fünften Punkt sollten Sie schweigen – und zwar auch dann, wenn der Journalist mehrfach nachfragt. Es gibt nur ganz wenige Ausnahmen von dieser goldenen Regel.

Oft machen Manager jedoch den Fehler, zu viele Informationen in ein Gespräch oder in eine schriftliche Verlautbarung „hineinzupacken". Hinterher ist die Verwunderung groß, warum von all den vielen Inhalten nur wenige Sätze in dem Artikel berücksichtigt wurden. Und möglicherweise waren das gar nicht die Botschaften, die dem Unternehmensvertreter eigentlich wichtig waren, sondern die nur den Journalisten interessierten.

Manch einer, der zwei Stunden lang ein Fernsehinterview gibt, wundert sich, wenn später allenfalls 30 Sekunden davon gesendet werden. Und manch einer ist sogar regelrecht empört, wenn er sich zwei Stunden Zeit für ein Gespräch mit einem Journalisten genommen hat und dieser später nur wenige Sätze daraus für seinen Artikel verwendet. Dabei müsste dem Unternehmensvertreter im Grunde doch vorher schon klar sein, dass der Journalist nicht eine ganze Seite über das Gespräch schreiben wird und dass er bestimmt nicht zehn Minuten im Fernsehen zu Wort kommt. In der Gesprächssituation wird das jedoch leicht vergessen.

Deshalb ist es wichtig, sich bereits vor Beginn des Gesprächs in den Journalisten hineinzuversetzen und sich zu überlegen, was denn eine interessante Überschrift für einen Artikel in seinem Medium sein könnte. Wenn Sie oder Ihre Kommunikationsberater sich nicht ausführlich vor Beginn des Gesprächs darüber Gedanken gemacht haben, dann ist die Wahrscheinlichkeit sehr gering, dass die Botschaft, die Sie aussenden wollen, später auch in der Zeitung zu lesen sein wird.

Ich habe Unternehmensvertreter erlebt, die es sehr gut gemacht haben: Sie haben explizit eine, zwei oder (maximal) drei Thesen beziehungsweise Botschaften formuliert und diese mehrfach im Gespräch wiederholt – und vorher sogar explizit angekündigt, dass sie jetzt die erste oder zweite These formulieren.

Sie können auch ein Blatt Papier mitbringen, auf dem Sie diese Thesen formuliert haben, als Gedankenstütze für sich selbst, aber auch für den Journalisten, der später den Artikel schreibt.

Sie sollten jedoch auf jeden Fall vermeiden, den Gesprächspartner mit Powerpoint-Präsentationen oder sonstigen formal aufgebauten Präsentationen zu langweilen. Ich habe schon von Managern gehört, die in der Redaktion einen Beamer aufbauen und eine Powerpoint-Präsentation vortragen wollten. So kann keine vernünftige Gesprächssituation entstehen, und so etwas nervt die meisten Menschen – übrigens nicht nur Redakteure von Zeitungen.

Gelingt es Ihnen, in einem Gespräch mit einem Journalisten Ihre Kernbotschaft zu vermitteln, und dass diese in dem Artikel wiedergegeben wird, dann haben Sie alles erreicht, worum es geht. Leider wollen viele Manager noch mehr: Sie wollen einen Artikel über ihr Unternehmen lesen, der keinerlei kritische Akzente enthält. Im einen oder anderen Fall wird es auch solche Artikel in renommierten, seriösen Medien geben, aber das sind eher Ausnahmen. „Jubelbeiträge", die sich wie die Verlautbarungen aus der Marketingabteilung eines Unternehmens lesen, werden in der Regel nur von wenig respektierten und wenig gelesenen Medien gedruckt, die dafür bekannt sind, dass man gegen Schaltung einer Anzeige oder gegen Abnahme einer größeren Stückzahl des Mediums solche Beiträge „lancieren" kann.

Schon aus diesem Grund entfalten solche Beiträge auch keine positive Wirkung, denn abgesehen davon, dass die entsprechenden Medien kaum gelesen werden, nimmt der Leser sie auch nicht ernster als die vollmundigen Werbeversprechungen in gekauften Anzeigen.

Ein Artikel in einem allseits respektierten Medium, der neben Ihren Kernbotschaften und sachlichen beziehungsweise positiven Darstellungen Ihres Unternehmens auch kritische Akzente enthält, ist sehr viel glaubwürdiger als solche „Jubelartikel“.

Ohnehin rate ich jedem Manager, nicht jeden Satz in einem Artikel auf die Goldwaage zu legen – denn die Leser der Medien tun dies ebenso wenig. Deshalb ist es auch nicht schlimm, wenn sich in einen Artikel der eine oder andere kleinere Irrtum oder die eine oder andere Ungenauigkeit eingeschlichen haben sollte. So etwas passiert in der Hektik der journalistischen Arbeit. Beobachten Sie jedoch bitte einmal Ihr eigenes Leseverhalten, wenn es nicht um Ihr eigenes Unternehmen geht, sondern um irgendein anderes Thema: Lesen Sie den Artikel gründlich und penibel Wort für Wort, oder überfliegen Sie ihn eher und merken sich nur die Kernbotschaft beziehungsweise die grundlegende Tendenz des Beitrages? So wie Sie einen Artikel über ein fremdes Unternehmen lesen, genauso lesen nun einmal andere Leser auch einen Beitrag über Ihr Unternehmen.

Deshalb ist es auf der einen Seite so wichtig, sich auf die Kernbotschaften zu konzentrieren, andererseits aber auch müßig, sich darüber aufzuregen, wenn der Artikel den einen oder anderen kritischen Akzent enthält oder sich einzelne Irrtümer eingeschlichen haben. Wenn Sie vorher zu 100 Prozent sicher sein wollen, was in dem Artikel steht, und jedes Wort kontrollieren wollen, dann habe ich hier einen guten Tipp: Schalten Sie eine Anzeige! Sie müssen dann allerdings damit rechnen, dass 90 Prozent der Leser diese Anzeige nicht lesen und von den verbleibenden zehn Prozent die meisten den Inhalt nicht für glaub würdig halten.

Was für Gespräche mit Journalisten gilt, das gilt auch für schriftliche Verlautbarungen, in die auf keinen Fall zu viele Inhalte „hineingepackt“ werden sollten. Eine der besten Möglichkeiten, sich als Experte zu positionieren, besteht darin, sogenannte Gastbeiträge für Fachmedien oder auch für Tageszeitungen zu verfassen. Wenn Sie wollen, dass Ihr Beitrag auch tatsächlich abgedruckt wird, müssen Sie den Grundsatz der klaren und eindeutigen Botschaft beachten. Zu oft versucht ein Manager auf dem wenigen Platz, der ihm zur Verfügung steht (das sind oft nur 2000 bis 4000 Zeichen), die ganze Welt zu erklären und sich zu allem Möglichen zu äußern. Solche Beiträge werden von Medien nicht gedruckt. Wichtig ist auch hier, eine klare These zu entwickeln und diese gut und stringent zu begründen.

Und selbstverständlich ist es abwegig, einen solchen Gastbeitrag dafür zu verwenden, Reklame für Ihre Produkte oder für Ihr Unternehmen zu machen. Seriöse Medien drucken solche Beiträge natürlich nicht ab. Bevor Sie einem Medium einen Gastbeitrag anbieten, sollten Sie beziehungsweise Ihre Berater analysieren, welche Themen in dem Medium gefragt sind, und übrigens auch die genaue Zeichenzahl für einen solchen Beitrag ermitteln. Hat der Journalist die Wahl, einen interessanten und gut formulierten Beitrag zu drucken, der exakt jene Zeichenzahl aufweist, die für dieses Format zulässig ist, oder einen anderen Beitrag, den er erst erheblich kürzen muss, dann wird er sich oftmals für den ersten entscheiden.

Auch in Pressemitteilungen sollten Sie sich auf *eine* Kernbotschaft beschränken, die sich natürlich auch in der Überschrift finden sollte. Die Überschrift ist von allergrößter Bedeutung, weil der Journalist oft in wenigen Sekunden entscheidet, ob er eine Mitteilung im Papierkorb entsorgt oder sie für einen Artikel verwendet. Enthalten die Überschrift und der erste Absatz der Pressemitteilung keine interessanten Neuigkeiten beziehungsweise Botschaften, dann ist die Wahrscheinlichkeit sehr gering, dass der Journalist weiterliest. Haben Sie mehrere wichtige Dinge zu verkünden, dann entscheiden Sie sich im Zweifelsfall eher dafür, mehrere Meldungen zu versenden, aber in jeder einzelnen nur eine wichtige Botschaft unterzubringen.

Nehmen Sie bitte die Kapitel dieses Buches als Beispiel. Jedes Kapitel enthält eine klare Botschaft. Diese Botschaft wird begründet, erläutert, möglicherweise auch wiederholt, damit sie sich einprägt. Wiederholung ist nichts Schlechtes, solange man es damit nicht arg übertreibt. Wiederholung signalisiert: Dieser Gedanke ist dem Absender besonders wichtig. Sie sollten weniger Angst davor haben, sich zu wiederholen, als davor, dass die aus Ihrer Sicht entscheidende Botschaft in einem Wust von Nebenbotschaften verloren geht.

Was für Pressegespräche, Gastbeiträge in Medien und Pressemitteilungen gilt, gilt natürlich auch für Vorträge und Präsentationen vor einem größeren Publikum. Oft werden solche Vorträge mit viel zu vielen Inhalten überfrachtet – und die Kernbotschaft geht dabei verloren. Dazu mehr im neunten Kapitel.

Übrigens gilt auch für Marketing und Werbung im engeren Sinne, dass die Beschränkung auf eine Kernbotschaft mehr Überzeugungskraft entwickelt als die Aufzählung einer Vielzahl von Botschaften. In den USA hat man ein Experiment gemacht: Man hat potenziellen Kunden zwei Werbespots über eine Automarke gezeigt, wobei der eine Spot nur eine einzige Botschaft über das Auto enthielt. Der andere Spot zählte darüber hinaus noch weitere Vorteile auf. Nachdem die Zuschauer beide Spots gesehen hatten, wurden sie gefragt, welcher Spot sie eher dazu animieren würde, die Marke ihres Autos zu wechseln. Immerhin sechs Prozent erklärten, der Spot, der eine Kernbotschaft enthielt, könnte sie dazu bewegen, ihre Automarke zu wechseln. Dagegen erklärte kein Einziger, dass ihn der Spot, in dem darüber hinaus weitere, zusätzliche Vorteile aufgezählt wurden, dazu veranlassen könnte, sich für diese Marke zu entscheiden.[4]

Manche Manager glauben, ihre Produkte würden umso überzeugender, je mehr Argumente sie für diese ins Feld führten. Aber wann haben Sie das letzte Mal etwas aus zehn Gründen gekauft? Wer glaubt, möglichst viele Gründe aufzählen zu müssen, verrät damit vielleicht nur, dass er insgeheim nicht davon überzeugt ist, einen einzigen, wirklich überzeugenden Grund nennen zu können. Ein guter, wirklich überzeugender Grund wiegt jedenfalls mehr als eine Vielzahl von Gründen. Das Argument, der Adressat könne sich bei der Aufzählung mehrerer Botschaften selbst dafür entscheiden, welche ihn am meisten überzeugt, verkennt, dass es *Ihre* Aufgabe ist, die Kernbotschaft herauszuarbeiten. Sie können diese Aufgabe nicht an Ihre Kunden delegieren.

Um zum Ausgangspunkt zurückzukehren: Für die Pressearbeit ist es entscheidend, dass Sie sich darüber klar werden, welche Kernbotschaft Sie kommunizieren wollen, und dass Sie sich in dem Gespräch mit dem Journalisten vollkommen darauf konzentrieren, diese Botschaft zu vermitteln. Erscheint nach einem Gespräch entweder gar kein Artikel oder aber einer, in dem der Journalist aus Ihrer Sicht nur Nebensächlichkeiten erwähnt hat, dann ärgern Sie sich bitte nicht über den Journalisten, sondern überlegen Sie sich, was Sie selbst falsch gemacht haben.

Handelt es sich um komplizierte Sachverhalte, mit denen der Journalist sich vielleicht noch nicht so intensiv befasst hat, dann ist es *Ihre* Aufgabe, diese didaktisch so zu vermitteln, dass sie verständlich sind. Lehrer müssen in ihrer Ausbildung „Lernziele" für eine Unterrichtseinheit schriftlich formulieren und dann diese Einheit darauf abstellen, dass diese Lernziele erreicht werden. Eine gute Methode – nicht nur für Lehrer, sondern für jeden, der anderen etwas erklären möchte. Damit dies gelingt, gibt es eine Voraussetzung, die so wichtig ist, dass ich ihr das nächste Kapitel widme: Sie müssen lernen, möglichst einfach zu schreiben und zu sprechen.

- Definieren Sie für Ihre Gespräche mit Journalisten, Analysten oder Investoren klare Kernbotschaften.
- Weniger ist mehr! Versuchen Sie nicht, zu viele Botschaften in einem Gespräch zu vermitteln, sondern konzentrieren Sie sich auf eine oder maximal drei Botschaften, die Sie vorher schriftlich als Thesen ausformulieren.
- Wenn Sie mit einem Journalisten sprechen, überlegen Sie vorher, wie denn eine für die Leser seines Mediums interessante Überschrift aussehen könnte.
- Diese Botschaften sollen neue und für den Adressaten interessante Informationen enthalten. Meiden Sie strikt Allgemeinplätze wie etwa „Wir sind gut aufgestellt".
- Wiederholen Sie Ihre Kernbotschaft mehrmals. Wiederholung ist nichts Schlechtes, solange man es damit nicht arg übertreibt.

3

Sprechen und schreiben Sie einfach

Wir haben gesehen, wie wichtig es ist, klare und eindeutige Botschaften zu formulieren. Das gilt, wenn Sie mit den Medien kommunizieren. Und es gilt selbstverständlich auch dann, wenn Sie mit Ihren Kunden, Lieferanten, Geschäftspartnern, Banken und Mitarbeitern kommunizieren.

Damit Ihre Botschaften auch verstanden werden, kommt es vor allem darauf an, dass Sie in der Lage sind, komplexe Sachverhalte zu vereinfachen. „Je einfacher und schmuckloser Sie Ihre Gedanken vortragen, desto stärker wirken sie", wusste schon Otto von Bismarck. Bedenken Sie: Die Zielgruppen, an die Sie Ihre Botschaften versenden, sind in vielen Fällen keine Experten, und wenn Sie es nicht verstehen, Ihre Botschaften einfach zu formulieren, dann werden Sie nicht verstanden.

Warum ist es so wichtig, klar und verständlich zu sprechen und zu schreiben? Weil Sie als Manager den ganzen Tag nichts anderes tun. Sie arbeiten ja nicht mit Ihren Händen. Wenn Sie nicht zuhören – was ebenfalls eine hohe Kunst ist –, dann sprechen oder schreiben Sie.

Heute schreiben Manager sogar wesentlich mehr als beispielsweise vor zwei Jahrzehnten, als die Kommunikation per E-Mail erst ihren Anfang nahm. Während Top-Manager damals ihre Schreiben oft noch diktierten oder sich von Assistenten Briefe entwerfen ließen, tippen sie heute persönlich in ihre BlackBerrys, iPhones, iPads oder Notebooks.

Wenn Sie den ganzen Tag sprechen und schreiben, wäre es dann nicht eine gute Idee, sich intensiver damit zu beschäftigen, wie Sie sich möglichst wirksam ausdrücken?

Warum fällt es vielen Managern so schwer, sich einfach auszudrücken?

Einen Großteil ihrer Zeit bewegen sie sich in einer Gruppe von Kollegen und anderen Fachleuten, die einen speziellen Branchenjargon sprechen. Nehmen wir beispielsweise die Immobilien- und Fondsbranche, in der ich mich bewege. Da ist es ganz selbstverständlich, dass jeder versteht, wenn von folgenden Dingen die Rede ist: Core-Immobilien, opportunistische Investments, Value-Add-Investments, LTV, Property Management, Real Estate Private Equity, Development-

Fonds, Mezzanine-Tranche, Yield compression, Share Deals, Asset Deals, EK/FK-Relation, Corporate Real Estate Management (CREM), Solvency II, AIFM usw. Ich vermute dass Ihnen viele dieser Ausdrücke und Abkürzungen nichts sagen, wenn Sie nicht aus der Branche kommen.

Das Problem: Sprechen Manager den ganzen Tag selbstverständlich in einer solchen Sprache, dann verlernen sie es im Laufe der Zeit, die Sprache ihrer Kunden zu sprechen. Wenn aber Ihre Kunden Sie nicht verstehen – wie wollen Sie dann deren Vertrauen gewinnen?

Bitte überschätzen Sie nicht das Wissen von Branchenfremden. Wenn Sie Botschaften formulieren, die sich an Personen richten, die nicht aus Ihrer Branche kommen (zum Beispiel Kunden), dann machen Sie vorher einmal einen Test und geben Sie diesen Text Personen in Ihrem Freundeskreis zu lesen. Bitten Sie sie um eine kurze Zusammenfassung der wesentlichen Aussagen des Textes. Bedenken Sie dabei bitte, dass die meisten Menschen Texte recht oberflächlich lesen und Sie auf gar keinen Fall erwarten können, dass der Leser sich Mühe gibt, Ihre Gedankengänge zu verstehen oder den Sinn Ihrer Formulierungen zu deuten.

Es gibt sogar wissenschaftliche Experimente, die bestätigen, dass umständlich geschriebene und schwer verständliche Texte von ihren Lesern als weniger glaubwürdig wahrgenommen werden. Der Sprachwissenschaftler Marcus Reinmuth hat für seine Dissertation einen Versuch durchgeführt: Er verfasste für einen Geschäftsbericht zwei unterschiedliche Briefe an die Aktionäre, die zwar beide den gleichen Inhalt hatten, sich jedoch sprachlich stark voneinander unterschieden.[1] Diese Texte hat er zwei Gruppen vorgelegt.

Die Probanden der einen Gruppe bekamen einen Text, der nicht die – von dem Wissenschaftler zuvor ermittelten – sprachlichen Indikatoren für glaubwürdige Kommunikation enthielt und darüber hinaus sprachliche Merkmale beinhaltete, welche die Glaubwürdigkeit eher anzweifeln ließen. Dieser Text enthielt lange Sätze, Schachtelsätze, Passivkonstruktionen, Euphemismen und war in einem bürokratischen Stil verfasst. Der Text las sich beispielsweise so: „Durch die Optimierung der Abläufe der Marketing- und Vertriebsanstrengungen konnte, nachdem ein sich ändernder und für alle Marktteilnehmer immer schwerer werdender Markt festgestellt wurde und nachdem der Vorstand eine neue Marketingstrategie zum prominenten Projekt erklärt hatte, dieses Jahr ein deutliches Wachstum, unter Einbeziehung der im Vorjahr erst etablierten Märkte, erzielt werden."[2]

Die zweite Gruppe erhielt einen optimierten Text, der möglichst viele sprachliche „Glaubwürdigkeitsindikatoren“ enthielt. Vor allem war die Sprache nicht so umständlich, sondern sehr viel einfacher.

Den Teilnehmern des Experiments wurden die beiden Briefe dann mit folgender Erläuterung vorgelegt: „Stellen Sie sich vor, Sie möchten 50.000 Euro in die Aktien eines Unternehmens investieren. Dabei sind Sie auf den Geschäftsbericht der Solar AG gestoßen, deren Portfolio Sie interessiert. Allerdings sind Sie noch unentschlossen. Um mehr darüber zu erfahren, lesen Sie den Brief an die Aktionäre, der Ihnen einen ersten Eindruck vermitteln soll.“[3]

Fast alle Versuchsteilnehmer stimmten bei dem sprachlich optimierten Text der Aussage zu: „Der Kommunikator ist mir sympathisch“. Dagegen empfanden zwei Drittel der Versuchsteilnehmer, die den kompliziert und umständlich formulierten Aktionärsbrief gelesen hatten, den Kommunikator des Textes als unsympathisch.[4]

Das Gesamtergebnis des Tests war eindeutig: „Die von uns als Glaubwürdigkeitsindikatoren bezeichneten Schlüsselphänomene Sympathie, Kompetenz, Vertrauenswürdigkeit, Objektivität und Verständlichkeit werden nach der Lektüre des optimierten Textes stärker angenommen als bei dem suboptimalen Text.“[5]

Die Ergebnisse des Tests leuchten ein. Denn auch in dieser Beziehung hat sich in unserem Zeitalter der Skepsis einiges verändert: Drückte sich früher jemand kompliziert aus, dann zweifelten viele Menschen zunächst einmal an ihrer eigenen Sachkenntnis und sahen vielleicht sogar in der schwer verständlichen Ausdrucksweise eines Managers ein Zeichen für dessen überlegenen Sachverstand als Experte. Heute ruft dagegen eine komplizierte Ausdrucksweise bei den meisten Menschen erst einmal Zweifel hervor: Was sie nicht unmittelbar verstehen, lehnen sie ab, da an die Stelle eines Vertrauensvorschusses eher eine Grundhaltung der Skepsis getreten ist.

Wer sich nicht einfach ausdrückt, kann zudem leichter missverstanden werden. „Je komplizierter ein Text geschrieben ist, desto länger brauchen wir, um ihn zu verstehen. Gerade unter Zeitdruck neigen wir dazu, Texte nur zu überfliegen. Wenn der Text einfach formuliert ist, werde ich ihn selbst dann verstehen, wenn ich ihn nicht mit voller Aufmerksamkeit lese. Wenn der Text jedoch viele Fremdwörter enthält, die vielleicht auch noch in langen Sätzen stecken, wird das Verstehen des Inhalts schwer.“[6]

Einer der brillantesten Werbeleute des 20. Jahrhunderts, David Ogilvy, gab einige Ratschläge, wie man wirkungsvolle Texte schreibt. Auch wenn sich seine

Ratschläge auf Anzeigentexte bezogen, so gelten sie jedoch für jede Art von Text. Einer seiner Grundsätze lautete: „Wenn nicht ein besonderer Grund zur Feierlichkeit vorliegt, so schreiben Sie Ihre Texte in der Sprache, die Ihre Kunden im alltäglichen Leben sprechen."[7]

Leider vergessen das viele Unternehmen, die beispielsweise in ihrer Werbung englische Slogans verwenden, die von kaum jemandem verstanden werden. Selbst ein relativ einfacher Slogan wie „Feel the Difference" (Ford), wird nur etwa von der Hälfte der Adressaten verstanden, während die andere Hälfte ihn beispielsweise so übersetzte: „Fühle das Differenzial", „viel Differenzial", „ziehe die Differenz ab".[8] Auch die Opel-Werbung „Explore the City Limits" wurde von 62 Prozent der Befragten falsch übersetzt, und zwar beispielsweise mit: „Explosionen an der Stadtgrenze", „Das Stadtlimit explodiert", „Beachte die Stadtgrenze".[9] Der deutsche Energieversorger RWE warb mit dem Slogan „One Group. Multi Utilities", bei dem nur acht Prozent der Befragten ahnten, was gemeint sein könnte. Übersetzungsversuche der Adressaten dieser Werbung lauteten: „Ohne Gruppe. Multi-Kulti" oder „Eine Gruppe. Multi-Kulti" oder „Viele Werkzeuge für eine Gruppe".[10] Das sind leider keine Einzelbeispiele. Der Marketingexperte Bernd M. Samland hat seit dem

Jahre 2003 regelmäßig über 3000 Menschen zu verschiedenen Werbesprüchen befragt – und die meisten englischen Slogans wurden von den (potenziellen) Kunden nicht verstanden.

Die Werbesprache ist dabei nur eines von vielen Beispielen, bei denen Unternehmen ihre Adressaten vergessen und es verlernt haben, die Sprache ihrer Kunden zu sprechen. Wer sich jedoch so wenig in seine Kunden hineinfühlen kann, der hat vielleicht nicht nur mit der Sprache ein Problem.

Wenn Sie sich um eine einfache und für Ihre Zielgruppen verständliche Sprache bemühen, dann hat das nicht nur den Vorteil, dass Sie besser verstanden werden, sondern Sie zwingen sich auch selbst, wirklich neue und interessante Gedanken zu äußern. Denn mit einem Fach-Kauderwelsch und vielen Anglizismen lassen sich viel leichter die Banalität und inhaltliche Leere vieler Aussagen kaschieren.

Dies ist die erste und vielleicht die wichtigste Regel, die Sie sich merken sollten: Schreiben Sie so, wie Sie im alltäglichen Leben sprechen, also dann, wenn Sie sich privat mit Freunden unterhalten. Ein guter Text, ob dies nun ein Brief ist, eine schriftliche Vorlage oder ein Aufsatz, zeichnet sich dadurch aus, dass er sich so ähnlich liest, als sei er gesprochen worden. Ich habe viel gelernt, als ich Manuskripte für Rundfunksendungen geschrieben habe. Da ist es nicht möglich, sich kompliziert auszudrücken, Bandwurmsätze zu schreiben oder Parenthesen einzubauen.

Ich wundere mich oft, wie formalistisch, unnahbar kühl und umständlich Geschäftsbriefe geschrieben werden. Irgendwo bringt man den Menschen anscheinend bei, dass ein Geschäftsbrief im Idealfall so ähnlich klingen soll wie das Anschreiben einer Behörde. Mit solchen Briefen gewinnen Sie jedoch Ihre Adressaten nicht.

Meiden Sie Worte, die kein normaler Mensch gebraucht, wenn er sich mit seinen Freunden und Kollegen unterhält: „bezüglich“, „diesbezüglich“, „Bezug nehmend auf“, „des weiteren“, „hinsichtlich“, „seitens“, „zwecks“. Niemand spricht so – außer vielleicht ein Beamter, der sich das über Jahrzehnte angewöhnt hat. Ich erinnere mich noch an eine lustige Begebenheit, als ich mit einem Beamten in einem Café saß und er eine junge, attraktive Frau kennenlernte, die ihm gefiel – und er sie dann fragte: „Wo bist du wohnhaft?“ Später erzählte er mir, er habe gegenüber dieser jungen Frau „sein Interesse bekundet“. Also, zugegeben: Es gibt doch ein paar Menschen, die so sprechen, aber bei den meisten gehören solche Redewendungen nicht zu ihrem aktiven Wortschatz.

Auch Sätze wie „Für evtl. Rückfragen stehen wir Ihnen selbstverständlich jederzeit gerne zur Verfügung“ können und sollten Sie sich sparen. Es ist doch ganz selbstverständlich, dass Sie demjenigen, dem Sie einen Brief schreiben, Fragen (was ist der Unterschied zu „Rückfragen“?) beantworten werden, wobei ich bezweifle, dass Sie wirklich „jederzeit“ dazu bereit wären. Wozu dann eine so gestelzte und abgedroschene Formulierung?

Meiden Sie auch Formulierungen, wie sie Behörden oder Anwälte gerne in ihren Briefen verwenden: „In vorbezeichneter Angelegenheit“, „Bezug nehmend auf das zwischen uns am 13. März geführte Telefonat“, „als Erstunterzeichner teile ich Ihnen mit“ usw. Auch Formulierungen wie etwa „Wir möchten Abstand nehmen von ...“ klingen sehr kühl und distanziert. Üblicherweise würde sich auch niemand so ausdrücken, wenn er etwas nicht möchte. Vieles kann man leicht sehr viel einfacher sagen. Beispielsweise kann man statt „in Abrede stellen“ einfach „bestreiten“ schreiben, statt „wir stellen Ihnen anheim“ wäre besser „wir schlagen vor“ oder „wir bieten an“, statt „unter Zuhilfenahme“ können Sie einfach „mit“ schreiben.

Die zweite Regel: Die Sätze sollten so kurz wie möglich sein. Natürlich sollte man das nicht übertreiben, sonst wirkt ein Text „atemlos“. Aber die meisten Menschen machen nicht zu kurze, sondern zu lange Sätze. Und verheddern sich dabei übrigens sehr viel leichter in den Tücken der Grammatik, als dies bei einem kurzen Satz möglich ist. Machen Sie sich einfach mal einen Spaß daraus, dass Sie sich einen Text vornehmen, den Sie geschrieben haben. Versuchen Sie, ob Sie nicht aus einem Satz zwei oder sogar drei kürzere Sätze machen können. Michaele Muschitz gibt in ihrem Buch *Klartext schreiben im Business* einen einfachen Tipp, um Schachtelsätze aufzulösen: „Fragen Sie jedes Komma, ob es nicht lieber ein Punkt wäre.“[11] Dieser Satz hat mir gefallen. Er ist übrigens ein schönes Beispiel dafür, wie man einen Sachverhalt einfach, präzise und anschaulich formuliert.

Die dritte Regel: Fangen Sie bei jedem Text mit dem Wichtigsten an. Reden Sie nicht drumherum. Sagen Sie sofort, worum es geht. Wenn ich einen Referenten für eine Veranstaltung einlade, dann beginnt der Brief: „Ich möchte Sie gerne als Referenten einladen. Ich plane eine Veranstaltung zu dem Thema ..., die voraussichtlich im nächsten Februar stattfinden soll.“ Die Menschen haben wenig Zeit und wollen sofort wissen, worum es geht.

Für das Verfassen von Pressemitteilungen gibt es eine wichtige Regel, die Sie auch bei anderen Texten beherzigen sollten: Das Wichtigste kommt zuerst, im ersten Absatz. Sie müssen sofort das Interesse des Lesers wecken. Ich kann mich erinnern, wie ich das als Journalist lernte. Ich hatte einen Artikel geschrieben, von dem ich selbst sehr überzeugt war. Beim Mittagessen drückte ich das Blatt dem Chefredakteur in die Hand und bat ihn, es zu lesen. Ich war neugierig auf sein Urteil. Er warf nur wenige Sekunden einen Blick auf den Artikel und gab ihn mir dann zurück: „Den können wir nicht gebrauchen." Ich protestierte: „Sie haben den Artikel doch noch gar nicht gelesen." Seine Antwort war mir eine Lehre: „Ich habe die ersten Zeilen gelesen, und die waren so langweilig, dass ich aufgehört habe, so wie es die meisten unserer Leser auch tun würden. Oder meinen Sie, die lesen weiter, um herauszufinden, ob später doch noch etwas Interessantes kommt?" Die Geschichte habe ich später oft meinen Mitarbeitern erzählt, um ihnen zu verdeutlichen, wie wichtig es ist, direkt zur Sache zu kommen und besonders den Anfang ebenso einfach wie interessant zu halten.

Die vierte Regel: Schreiben und sprechen Sie in Bildern. Und erzählen Sie kleine Geschichten. Ich habe Ihnen eben die Geschichte von dem Mittagessen mit meinem Chefredakteur erzählt. Während Sie das lasen, ist ein Bild bei Ihnen entstanden. Menschen denken in Bildern und können sich Bilder besser merken als abstrakte Thesen. Erinnern Sie sich auch noch an die Geschichte von meinem Bekannten, der „sein Interesse bekundet“ hatte? Für die Kommunikation ist es ganz entscheidend, dass Sie Spaß daran gewinnen, kleine Geschichten zu erzählen. Das gilt für Ihre Vorträge ebenso wie für ein Verkaufsgespräch oder auch für einen Artikel. Wer die Kunst beherrscht, lebendige Geschichten zu erzählen, fesselt seine Zuhörer und Leser und bringt sie zum Lachen – wer sie nur mit abstrakten Ausführungen belehrt, langweilt sie vielleicht.

Die fünfte Regel: Verwenden Sie nicht zu viele Substantive, bevorzugen Sie, wo immer es möglich ist, Verben. Warum das? Weil es sich einfacher liest und zudem besser klingt. Erinnern Sie sich daran, dass Sie möglichst so schreiben sollten, wie Sie sprechen. Und jetzt überlegen Sie einmal, wie Sie folgende Sachverhalte mündlich ausdrücken würden:

Variante 1: „Die Vergleichbarkeit unseres Fondsproduktes mit Wettbewerbsprodukten ist nur begrenzt gegeben, und zwar wegen der Unterschiedlichkeit der konzeptionellen Ansätze.“

Variante 2: „Unser Fonds ist mit anderen nur begrenzt zu vergleichen, weil sie ganz unterschiedlich konzipiert sind.“

Variante 1: „Wir haben eine Umstrukturierung des Bereiches X durchgeführt."
Variante 2: „Wir haben den Bereich X umstrukturiert."

Variante 1: „Wir möchten uns mit folgender Bitte an Sie wenden: Im Falle Ihrer Zustimmung zu dem Vorhaben leisten Sie Ihre Unterschrift."
Variante 2: „Unterschreiben Sie bitte, wenn Sie zustimmen wollen."

Vermeiden Sie auch sogenannte Streckverben und bevorzugen Sie einfache Verben. Schreiben Sie „erwägen" statt „in Erwägung ziehen", schreiben Sie „prüfen" statt „einer Prüfung unterziehen". Schließlich wird ein Text auch dadurch einfacher, dass Sie überflüssige Adjektive und Adverbien streichen. Warum schreiben Sie, die Immobilie sei „erfolgreich vermietet" worden? Wie kann man „erfolglos vermieten"? Warum schreiben Sie, es gelte, „die genauen Details" zu klären, einen „aktiven Beitrag" zu leisten oder die „näheren Einzelheiten" zu regeln? „Jedes überflüssige Wort wirkt seinem Zwecke gerade entgegen", hat schon der deutsche Philosoph Arthur Schopenhauer formuliert.

Die sechste Regel: Meiden Sie Modewörter. Natürlich ändert sich die Sprache. Sie sollten jedoch misstrauisch sein, wenn ein Wort oder eine Formulierung vor drei Jahren noch kaum verwendet wurde, heute jedoch in aller Munde ist. Es verrät Unsicherheit, mangelnde Urteilsfähigkeit und oft auch das Fehlen eigener interessanter Gedanken, wenn jemand sehr rasch allerlei Modewörter aufgreift.

In der Immobilienbranche sprach man früher von der Verwaltung einer Immobilie. Später wurde daraus das „Management" eines „Assets". Das genügte jedoch nicht mehr, und bald sprachen alle vom „aktiven Asset-Management". Doch auch das ist anscheinend zu wenig, denn heute geht es um das „pro-aktive Asset-Management". „Pro-aktiv" ist ein ebenso unsinniges Modewort wie etwa die Wörter „zeitnah", „angedacht", „andiskutiert", „nachhaltig", „spannend" usw. Ich empfehle jedem Leser die beiden ausgezeichneten Bücher *Ich sag mal ... Der Quatsch, den wir so reden* von Hermann Schreiber und *Gut aufgestellt. Kleiner Phrasenführer durch die Wirtschaftssprache* von Burkhard Spinnen. In diesen Büchern spießen die Autoren zahllose Redewendungen und Modewörter auf, die wir täglich gedankenlos verwenden, vor allem im Wirtschaftsleben.

Die siebente Regel: Lernen Sie die deutsche Rechtschreibung und Grammatik. Das klingt banal? Was soll so ein Tipp in einem Buch mit dem Titel „Kommunikation ist Chefsache“? Gerade im E-Mail-Zeitalter ist dieser Tipp hochaktuell. Ich behaupte, dass ein nicht geringer Teil der Manager die Regeln der deutschen Rechtschreibung und Zeichensetzung nicht einwandfrei beherrscht.

Anders als bei Briefen, die früher von (der deutschen Rechtschreibung hoffentlich kundigen) Assistentinnen gelesen und korrigiert wurden, eliminiert heute niemand die Rechtschreib-, Grammatik- und Zeichensetzungsfehler in Ihren E-Mails. Welchen Eindruck macht ein Schriftstück auf Sie, das zwar inhaltlich in Ordnung ist, aber von formalen Fehlern strotzt? Machen Sie bitte mal ein Experiment und sammeln die von Ihnen formulierten E-Mails einer Woche und lassen diese von einem professionellen Lektor beziehungsweise Korrektor korrigieren.

Das Problem ist nämlich, dass Sie sonst niemand auf Ihre Fehler hinweisen wird – der Leser denkt sich vielmehr seinen Teil. Und was er denkt, ist nicht sehr schmeichelhaft für Sie.

- Schreiben Sie so, wie Sie im alltäglichen Leben sprechen, also dann, wenn Sie sich privat mit Freunden unterhalten.
- Die Sätze sollten so kurz wie möglich sein. Gehen Sie die von Ihnen verfassten Texte durch und versuchen Sie, aus jedem längeren Satz zwei oder drei kurze Sätze zu machen.
- Geben Sie Ihre Texte Branchenfremden und bitten Sie diese, dass sie den Inhalt nach kurzer Lektüre zusammenfassen sollen. Manchmal werden Sie sich wundern, was dabei herauskommt.
- Fangen Sie bei jedem Text mit dem Wichtigsten an. Reden Sie nicht drum herum. Sagen Sie sofort, worum es geht.
- Schreiben und sprechen Sie in Bildern. Und erzählen Sie kleine Geschichten.
- Verwenden Sie nicht zu viele Substantive, bevorzugen Sie, wo immer es möglich ist, Verben.
- Meiden Sie Modewörter. Seien Sie misstrauisch gegenüber Wörtern, die vor drei Jahren noch kaum jemand verwendet hat und die Sie heute überall hören.

4

Kommunikation in der Krise: Die Wahrheit ist der beste Trick

Klare Botschaften zu formulieren, einfach zu schreiben und zu sprechen ist immer wichtig. Noch wichtiger ist es in rauen Zeiten und in schwierigen Situationen. PR-Fachleute sprechen von „Krisenkommunikation". Gerade in einer Krise, wenn ein Unternehmen Gegenstand von Spekulationen und verzerrten Darstellungen werden kann, geraten viele Manager in Versuchung, jedes Detail „richtigzustellen", und tragen dadurch noch mehr zur Verwirrung bei.

Gerät das Unternehmen wirklich oder vermeintlich in die Schieflage, gibt es gravierende Probleme mit einem Produkt oder ist das Management in einen „Skandal" verwickelt, fangen auch solche Journalisten an, sich dafür zu interessieren, die sich bislang nicht oder nur oberflächlich mit dem Unternehmen beschäftigt hatten. Nicht selten geschieht es, dass sie Informanten im Unternehmen selbst oder auch aus dem

Kreis ehemaliger Mitarbeiter haben, die die Situation nicht unbedingt differenziert und sachgerecht darstellen. Kurz und gut: Es bleibt nicht aus, dass neben zutreffenden Nachrichten auch Dinge geschrieben werden, die so nicht stimmen.

Zwei Drittel der Unternehmen seien schon einmal in einer Krise oder einem Konflikt Gegenstand von Medienberichten geworden, so das Ergebnis der Forschungen des bekannten Medienwissenschaftlers Professor Hans Mathias Kepplinger. In seinem Buch *Die Mechanismen der Skandalisierung* schreibt er, dass nach Ansicht von nahezu zwei Dritteln dieser Unternehmen in Medienberichten die Fakten nicht richtig dargestellt worden seien. Die Mängel der Berichterstattung lagen nach Aussage der Unternehmen vor allem darin, dass Umstände, auf die das Unternehmen keinen Einfluss hatte, verschwiegen oder heruntergespielt worden seien. Medien erweckten durch ihre Berichterstattung den Eindruck, dass die Akteure in weitaus stärkerer Weise für die Folgen ihres Handelns verantwortlich waren, als diese es aus der eigenen Perspektive wahrgenommen hatten.

Besonders heikel wird die Situation für ein Unternehmen oder einen Manager, wenn sich eine Situation zu einem „Skandal" ausweitet. Kennzeichnend für einen Skandal sei, so das Ergebnis der Analysen von

Kepplinger, dass die üblichen Regeln einer sorgfältigen journalistischen Recherche ganz oder teilweise außer Kraft gesetzt würden. Es komme zu einer wahren Empörungswelle, der sich kaum ein Medium entziehen könne. Aus einem größeren zeitlichen Abstand wird dann jedoch deutlich, dass die Berichterstattung oftmals die Fakten verzerrte – teilweise entbehrte sie bei nüchterner Betrachtung jedweder Grundlage. „Die Wahrheit geht aber während des Skandals in einer Welle krass übertriebener oder gänzlich falscher Darstellungen unter. Die Oberhand gewinnt sie erst, wenn der Skandal zu Ende und die Flut der anklagenden Berichte verebbt ist. Dann interessiert sich aber kaum noch jemand dafür, weil sich die Medien und mit ihnen das Publikum längst anderen Themen zugewendet haben", so Kepplinger.[1]

Es kann sogar passieren, dass eine Skandalberichterstattung eine solche Eigendynamik gewonnen hat, dass selbst dann, wenn der ursprüngliche Vorwurf eindeutig widerlegt wurde, neue Vorwürfe erhoben werden, die der Berichterstattung weitere Nahrung bieten. Bei Lichte betrachtet beziehungsweise bei nüchterner Distanz handelt es sich bei diesen neuen Vorwürfen um sehr geringe Verfehlungen, die normalerweise toleriert oder kaum beachtet würden, die jedoch vor dem psychologischen Hintergrund der Skandal-Dramatik auf einmal eine hohe Brisanz gewinnen, weil sie vermeintlich das negative Bild von der Verwerflichkeit und Schlechtigkeit des Unternehmens oder des Managers bestätigen.

Ist dann jedoch die Divergenz zwischen dem Anlass und der Aufgeregtheit der Berichterstattung allzu offensichtlich, wird zuweilen die Erklärung nachgereicht, der Angegriffene sei nicht über die kritisierten Missstände, sondern über seine Fehler bei der Verteidigung gefallen – „er sei sozusagen wie das Wild bei der Treibjagd selbst schuld daran, wenn es einen falschen Haken geschlagen habe und in die Schussbahn geraten sei".[2]

Jeder große Skandal müsse, so Kepplinger, damit er sich voll entfalten könne, immer wieder neu angeheizt werden. Erfolgreiche Skandalierer publizierten ihre Verdächtigungen deshalb nicht auf einmal, sondern verteilten sie auf mehrere Tage oder Wochen. Gelegentlich heizen jedoch auch die Skandalierten selbst durch ihr Verhalten einen Skandal immer wieder neu an, weil ihre Verteidigung zum Gegenstand neuer Vorwürfe wird.

Das Management, das sich verständlicherweise „ungerecht" behandelt fühlt und im Übrigen in einer solchen Situation meist wenig Einsicht in eigene Fehler zeigt, fühlt sich in eine Verteidigungsposition gedrängt und reagiert oft mit viel zu langen und viel zu komplizierten Darstellungen des Sachverhalts. Da kann es schon mal passieren, dass in einem acht Seiten langen Schreiben 25 verschiedene Punkte „richtiggestellt“ werden. Hinzu kommt noch, dass solche „Richtigstellungen“ manchmal recht emotional geschrieben sind. Man hat den Eindruck, der Manager wolle sich all seinen Ärger über die wirklich oder vermeintlich ungerechte Behandlung von der Seele schreiben. Und genau das ist ein Fehler.

Gerade in diesen Situationen kommt es darauf an, sich auf die wesentlichen Botschaften zu konzentrieren. Die meisten Außenstehenden haben sich nämlich nur recht oberflächlich mit dem Thema befasst und haben auch weder Zeit noch Lust, in die Details einzudringen. Niemand interessiert sich für die „Richtigstellung“ über 25 Punkte – und niemand kann und will sich das merken.

Wenn Sie angegriffen werden, dann gehen Sie vor allem auf diejenigen Punkte ein, die auch für Außenstehende, die sich noch nicht näher mit dem Thema befasst haben, leicht und unmittelbar verständlich sind. Der Eindruck, dass Sie in der Sache recht haben, wird keineswegs dadurch verstärkt, dass Sie eine Vielzahl von Angriffen widerlegen und ausführlich auf diese eingehen, sondern dadurch, dass Sie in einer oder zwei wichtigen Fragen wirklich überzeugend „punkten" können. Der amerikanische Experte für Krisenmanagement Steven Fink hat es auf den Punkt gebracht: „Gleichgültig wie gut Ihr Krisenmanagement-Team und egal wie vollständig Ihr Krisenmanagement-Plan ist – wenn Sie während einer Krise Ihre Botschaft nicht kommunizieren können, sind Sie gescheitert."[3]

Nun sind ein großer Skandal oder gar die Schieflage der ganzen Firma das Schlimmste, was einem Unternehmen passieren kann. Aber es gibt auch vielerlei kleinere Krisensituationen, in denen der Manager gefordert ist, professionell zu kommunizieren. Damit sich eine kleine Krise nicht zu einer großen ausweitet, ist es wichtig, dass das Management versteht, wie es sich in solchen Situationen zu verhalten hat – und welche Alternativen es gibt. Zunächst sollten Sie sich darüber im Klaren sein, dass in vielen Fällen Medienberichte mit kritischem Tenor nicht zu vermeiden sind. Und das ist auch gut so. Medien haben die Aufgabe, kritisch zu berichten, wenn es Kritisches zu berichten gibt.

Die Frage ist tatsächlich in vielen Fällen nicht, *ob* eine kritische Berichterstattung erfolgt. Vielmehr geht es darum, wie sachlich, kenntnisreich und objektiv eine solche Berichterstattung ausfällt. Manager, die glauben, durch PR-Aktivitäten schlechte Nachrichten unterdrücken zu können, unterliegen einem Irrtum. Man kann jedoch durchaus die Art der Berichterstattung beeinflussen – je nachdem, wie professionell oder unprofessionell man in solchen Situationen agiert.

Oft wird die Situation durch Kommunikationsfehler des Managements unnötig verschlimmert: Die Medien werden nicht oder zu spät informiert – die Journalisten erfahren aus anderen Quellen von den Problemen. Diese „Totschweige-Strategie" verschlimmert die Sache vielfach noch. Funktioniert die Totschweige-Strategie offensichtlich nicht mehr, dann gehen viele Manager zur sogenannten „Zuckerguss-Strategie" über: Schlechte Nachrichten werden beschönigt und bagatellisiert.

Zunächst zur „**Totschweige-Strategie**": Ein Hauptfehler besteht darin, dass Medien nicht oder zu spät informiert werden. Oftmals hofft das Management, dass die Medien von den negativen Unternehmensentwicklungen nicht erfahren und deshalb auch nicht berichten werden. Manchmal kann ein Unternehmen damit durchkommen, aber häufiger führt diese „Totschweige-Strategie" dazu, dass Medien sehr viel negativer berichten, als dies bei einer frühzeitigen Information der Fall gewesen wäre.

Journalisten honorieren in der Regel eine frühzeitige und wahrheitsgemäße Informationspolitik. Wer frühzeitig und offen kommuniziert, so hat mir ein Journalist einmal sehr treffend gesagt, der zahlt auf sein „Glaubwürdigkeitskonto" ein. Da Journalisten von Informationen leben, ist ihnen die Transparenz einer Sache manchmal sogar wichtiger als die Sache selbst. In der Beratungspraxis meines Unternehmens haben wir sehr viele gute Erfahrungen damit gesammelt, wenn beispielsweise Fondsgesellschaften früh und aktiv über Probleme in ihren Fonds berichtet haben. Journalisten reagieren verständlicherweise verärgert, wenn man sie über positive Entwicklungen lautstark und begeistert informiert, sie von Problemen jedoch erst aus anderen Quellen erfahren. Und sie werden auch misstrauisch, wenn sie merken, dass das Unternehmen mit einer „Salamitaktik" stets nur das einräumt, was sich ohnehin nicht mehr leugnen lässt.

Die **„Zuckerguss"-Strategie** verschlimmert ebenfalls die Probleme in einer Krise. Häufig glauben Manager, es sei besonders geschickt, wenn sie negative Nachrichten mit Zuckerguss überziehen. Sie verschicken beispielsweise eine Pressemitteilung, in der zunächst ausführlich Positives berichtet wird und dann „versteckt" am Schluss die – eigentlich interessante – negative Nachricht.

Besonders börsennotierte Unternehmen, die aus rechtlichen Gründen (Ad-hoc-Mitteilungspflicht) gezwungen sind, Negatives zu kommunizieren, bedienen sich oft dieser „Zuckerguss"-Strategie. Da diese Unternehmen nämlich die oben beschriebene „Totschweige-Strategie" nicht verfolgen können, ohne damit erhebliche rechtliche Risiken einzugehen, neigen sie dazu, negative Nachrichten zu relativieren, zu bagatellisieren und im Kontext positiver Nachrichten zu „verstecken". Die Zielgruppen solcher Mitteilungen, nämlich Journalisten und Analysten, kennen dieses Versteckspiel aber und fühlen sich verschaukelt.

Die Journalisten „wehren" sich dann auf ihre Art, indem sie mit einem negativeren Tonfall über das Ereignis berichten, als sie es getan hätten, wenn das Unternehmen nicht versucht hätte, die negative Nachricht zu verstecken. Journalisten sind hoch sensibel für Sprache. Sie ärgern sich zu Recht, wenn Dinge nicht beim Namen genannt, sondern durch Euphemismen beschönigt werden.

Wer einen kritischen Sachverhalt sprachlich beschönigt – und dies geschieht leider durch vermeintliche PR-Experten allzu häufig –, der ruft damit beim Adressaten nur zusätzlichen Widerstand hervor und verschlechtert seine Situation, statt sie zu verbessern. Eine beschönigende Sprache führt also nicht dazu, dass die Adressaten die Sache in einem milderen Licht sehen, sondern bewirkt genau das Gegenteil des Intendierten und verstärkt das Misstrauen in die Glaubwürdigkeit des Unternehmens.

Noch schlimmer – und absolut unverzeihlich – ist es natürlich, wenn Journalisten belogen werden. Auch sogenannte „Notlügen" in kleineren Punkten werden zu Recht sehr übel genommen. Ertappt ein Journalist einmal einen Manager bei einer solchen Lüge, wird er ihm natürlich auch künftig nichts mehr glauben. Er wird beginnen, zu recherchieren, ob es vielleicht noch andere kritische Sachverhalte gibt, über die zu berichten sich lohnen könnte.

Das Wichtigste in der Kommunikation – auch und gerade mit Medien – ist Glaubwürdigkeit. Diese Glaubwürdigkeit aufzubauen kann lange dauern – oft Monate, manchmal sogar Jahre. Sie zu verspielen ist in wenigen Stunden möglich.

Meist bedarf es nicht einmal einer ausgeklügelten Kommunikationsstrategie in Krisensituationen. Das Leitmotto in der Kommunikation, gerade auch in der Krisenkommunikation, sollte lauten: „Die Wahrheit ist der beste Trick." Gibt es Probleme in einem Unternehmen, dann wollen die Medien und andere Betroffene wissen: Was hat die Probleme verursacht? Wer ist verantwortlich? Gibt es vielleicht zusätzlich zu den bereits bekannten Problemen andere, von denen man bislang nichts weiß? Und vor allem: Was tut das Management, um die Probleme zu lösen?

Wenn Sie sich als professioneller Problemlöser positionieren, können Sie sogar gestärkt aus einer Krise hervorgehen und erheblich an Image gewinnen. Wir haben bei einem unserer Kunden nicht gezögert, ganz unumwunden und ohne jede Schönfärberei die Schieflage eines Milliarden-Projektes darzustellen. Der Unternehmenslenker sprach direkt mit den wichtigsten Journalisten darüber und zeigte, wie er das Problem in den nächsten Jahren lösen wollte.

Obwohl ein Erfolg noch gar nicht sicher war (auch dies hatte er jedoch offen angesprochen), waren die Journalisten begeistert von seiner Offenheit, und seitdem hat er nicht nur das Image eines Menschen, dem man vertrauen kann, weil er Probleme offen anspricht, sondern auch das Image eines professionellen Problemlösers.

Ich möchte jedoch hinzufügen, dass dieser Unternehmenslenker auch in den Jahren zuvor schon eine aktive Pressearbeit betrieben hatte. Und deshalb möchte ich an dieser Stelle auch offen ansprechen, dass es manchmal in einer Krisensituation zu spät für das Unternehmen ist, die Versäumnisse der Vergangenheit wettzumachen. Wer über Jahre hinweg geglaubt hat, er könne sich in einer Mediengesellschaft durch „Nicht-Kommunikation" wegducken und verstecken, muss in einer solchen Krisensituation akzeptieren, dass er es sehr viel schwerer hat als ein Unternehmen, das schon in guten Zeiten über viele Jahre das Vertrauen der Medien durch eine aktive, offene und ehrliche Kommunikation aufgebaut hat.

Damit es Ihnen freilich gelingt, ein Vertrauensverhältnis zu Journalisten aufzubauen, ist es entscheidend, dass Sie ein realistisches Bild über Journalisten haben, deren Arbeitsweisen verstehen und negative Glaubenssätze korrigieren. Dazu mehr im folgenden Kapitel.

- Bauen Sie bereits in guten Zeiten ein Vertrauensverhältnis zu Journalisten auf. Das zahlt sich in einer Krisensituation mit Sicherheit aus.
- Informieren Sie frühzeitig und offen über Probleme. Widerstehen Sie der Versuchung, nach der „Salamitaktik" nur das einzuräumen, was sich ohnehin nicht mehr leugnen lässt.
- Die „Zuckerguss"-Strategie, also beispielsweise negative Nachrichten in einer Mitteilung am Schluss zu verstecken, wird von Journalisten durchschaut und bewirkt das Gegenteil dessen, was Sie beabsichtigen.

- Meiden Sie Euphemismen. Nennen Sie negative Entwicklungen beim Namen – natürlich ohne zu dramatisieren, aber auch ohne zu beschönigen. Das erzeugt nur zusätzlichen Widerstand beim Adressaten.
- Konzentrieren Sie sich auf das Wesentliche und verzetteln Sie sich nicht in Nebenkriegsschauplätzen. Widerstehen Sie dem Drang, alles und jedes „richtigzustellen“ und emotional auf unsachliche Darstellungen zu reagieren.

5

Sehen Sie die Medien nicht als Ihre Feinde

Vielen Managern sind Medien und deren Macher – also Journalisten – irgendwie suspekt oder sogar unheimlich. Manche von ihnen pflegen eine ganze Menge Vorurteile und Klischees über den Beruf des Journalisten. „Es gibt kaum eine Berufsgruppe", so der Medienexperte Roland Schatz, „von der die deutschen Unternehmensspitzen weniger halten als von Journalisten. Nach unzähligen Interviews und Hintergrundgesprächen hat sich im deutschen Spitzenmanagement die Überzeugung verfestigt, dass die Redakteure – Ausnahmen bestätigen die Regel – nicht nur systemimmanent zur Oberflächlichkeit neigen, sondern aufgrund ihrer Ausbildung und ihres begrenzten Fachwissens kaum in der Lage sind, die Komplexität des Unternehmensalltags zu erfassen."[1]

Manager sollten sich über ihre bewussten und unbewussten Einstellungen und emotionalen Vorbehalte gegenüber Journalisten klarwerden, denn das ist eine der wichtigsten Voraussetzungen, um angemessen mit Medien zu kommunizieren. Gegenüber PR-Beratern geben Manager ihre Vorbehalte meist nicht offen zu, weil es sich dabei oft um ehemalige Journalisten handelt und man diese nicht in Verlegenheit bringen will. Wenn ich beginne, mit einem Unternehmen zusammenzuarbeiten, ermuntere ich jedoch das Management, uns gegenüber latente Vorbehalte gegen Journalisten zu artikulieren, um Glaubenssätze, die für eine erfolgreiche Pressearbeit hinderlich sind, zu korrigieren.

Solche Glaubenssätze, die bei Managern weit verbreitet sind, lauten etwa:

„Journalisten sind sehr oberflächlich und verstehen komplexere Zusammenhänge nicht."

„Journalisten interessieren sich nur dafür, rasch eine negative Headline zu bekommen."

„Journalisten wollen immer alles kritisch hinterfragen, warum können die nicht auch mal was Positives schreiben?"

Wenn Sie einem Menschen mit negativen Vorbehalten begegnen, dann wird er das merken – es sei denn, Sie sind ein ungewöhnlich talentierter Schauspieler, was aber auf die meisten Manager nicht zutreffen dürfte. Wer solche und ähnliche Glaubenssätze über Journalisten verinnerlicht hat, wird sich deshalb schwertun, mit ihnen angemessen zu kommunizieren. Denn wenn mein Gesprächspartner merkt, dass ich ihn nicht respektiere und nicht mag, wird er mich auch nicht mögen.

Wie wäre es also, wenn Sie die Sache einmal von einem anderen Standpunkt aus betrachten?

Glaubenssatz 1: „Journalisten sind sehr oberflächlich und verstehen komplexere Zusammenhänge nicht."

Tatsache ist, dass sich Journalisten mit sehr vielen verschiedenen Themen beschäftigen müssen. Es ist erstaunlich und oft bewundernswert, in welch kurzer Zeit sie sich in neue, sehr komplexe Zusammenhänge einarbeiten können. Es ist zu bezweifeln, ob das jedem Manager gleich gut gelingen würde. In seinem Fach ist der Manager jedoch den meisten Journalisten zwangsläufig deutlich überlegen. Das ist auch kein Wunder. Wer sich beispielsweise seit zehn oder zwanzig Jahren intensiv Tag für Tag mit einer Sache beschäftigt, verfügt selbstverständlich über ein größeres Fachwissen und größere Detailkenntnis als ein Journalist, der vielleicht nur wenige Tage oder gar Stunden Zeit hatte, sich in ein Thema einzuarbeiten. Aufgabe der Unternehmenskommunikation ist es, die komplexen Sachverhalte zu reduzieren und didaktisch so zu vermitteln, dass diese auch von Außenstehenden – also etwa von Investoren, Journalisten, Finanzierern oder Analysten – verstanden werden können.

Gelangen Journalisten zu kritischen Einschätzungen, muss dies jedoch keineswegs, wie von Unternehmen gern pauschal unterstellt, am mangelnden Fachwissen liegen. Im Gegenteil: Ich habe beobachtet, dass gerade jene Fachjournalisten, die sich extrem gut in einer Materie auskennen, oft kritischer sind als jene, die sich weniger gut auskennen. Und das ist auch logisch. Denn derjenige, der über weniger Fachwissen verfügt, übersieht kritische Punkte natürlich eher. Und manchmal ist die Kritik von Managern an den mangelnden Fachkenntnissen von Journalisten auch unehrlich: Denn ich habe beobachtet, dass genau diejenigen, die das unzureichende Fachwissen kritisieren, manchmal lieber genau mit jenen Journalisten sprechen, die sich nicht so gut auskennen, als mit jenen, die über ein größeres Fachwissen verfügen. Weil Letztere eben oftmals kritischer sind und unbequemere Fragen stellen.

Glaubenssätze 2 und 3: „Journalisten interessieren sich nur dafür, rasch eine negative Headline zu bekommen." – „Journalisten wollen immer alles kritisch hinterfragen, warum können die nicht auch mal was Positives schreiben?"

Zunächst einmal ist es ganz natürlich, dass über negative und ungewöhnliche Ereignisse eher berichtet wird als über positive und gewöhnliche Ereignisse. Was würden Sie davon halten, wenn jeden Tag ausführlich auf der ersten Seite der Zeitung oder zu Beginn der Abendnachrichten über all jene Flugzeuge berichtet würde, die am Vortag wohlbehalten an ihrem Ziel angekommen sind? Ist es nicht verständlich, dass eher über abgestürzte Flugzeuge berichtet wird als über jene, die heil gelandet sind?

Kann man dem Journalisten einen Vorwurf machen, wenn er vielleicht eher über die Schieflage in einem Unternehmen berichtet als darüber, dass alles normal läuft? Ein berühmter Leitspruch, mit dem jeder Journalist in seiner Ausbildung konfrontiert wurde, verdeutlicht das: „Briefträger beißt Hund", ist eine Meldung wert, „Hund beißt Briefträger" eben nicht. Auf Ihr Unternehmen übertragen heißt das: „Unternehmen zahlt seinen Mitarbeitern das vertraglich vereinbarte Gehalt" ist keine Nachricht wert. Das Gegenteil schon.

Journalisten haben die Aufgabe, Darstellungen von Managern, ebenso wie von Politikern und anderen Personen, über die sie berichten, kritisch auf ihren Wahrheitsgehalt abzuklopfen. Schließlich neigen die meisten Unternehmen und Politiker – und auch dies ist menschlich – dazu, sich nur von der positiven Seite zu zeigen und unvorteilhafte Tatsachen oder Entwicklungen eher unter den Teppich zu kehren. Was würden Sie von einem Kriminalkommissar halten, der alles, was ihm Beschuldigte und Zeugen erzählen, blind glaubt und zu Protokoll nimmt, ohne zu versuchen, Widersprüche und Ungereimtheiten aufzudecken? Dieser Kommissar hätte seinen Beruf ebenso verfehlt wie der Journalist, der eben oft nur durch kritische Recherche und hartnäckiges „Nachbohren" die Wahrheit ans Licht bringt.

Wenn ich Managern diese Aspekte über das Berufsbild des Journalisten verdeutliche, sind sie meist bereit, ihr bisheriges Bild zu korrigieren. Heißt dies nun, dass alle Journalisten einen tollen Job machen, stets präzise, objektiv und kenntnisreich berichten? Natürlich nicht. „Den" Journalisten gibt es ebenso wenig wie „den" Manager. Übrigens kommt es bei Journalisten im Gespräch ganz schlecht an, wenn verallgemeinert wird und von „den Journalisten", „eurer Zunft" oder gar „der Journaille" gesprochen wird. Wer solche Klischees über Journalisten pflegt, macht es sich selbst unnötig schwer.

Und natürlich reagieren Journalisten auch empfindlich, wenn sie den Eindruck haben, dass man sie instrumentalisieren will, um Werbebotschaften für das

Unternehmen zu transportieren. Das ist auch nicht ihre Aufgabe. Aufgabe von Wirtschaftsjournalisten ist es vielmehr, über Unternehmen und Märkte zu informieren, Trends und Entwicklungen aufzuspüren und natürlich auch auf Missstände aufmerksam zu machen.

Und hier gibt es zahlreiche Anknüpfungspunkte, wo Medien und Unternehmen zusammenarbeiten können – wobei sich beide stets ihrer unterschiedlichen Interessen bewusst sein sollten. Aber es gibt Schnittmengen: Journalisten sind auf Informationen angewiesen. Ohne Informationen können sie ihren Job nicht erfüllen. Sie möchten die Informationen so früh wie möglich, und natürlich möchten sie sie am liebsten eher haben als ihre Kollegen. Zwischen Medien herrscht nun einmal in einer freien Wirtschaft ebenso Wettbewerb wie zwischen Unternehmen.

Die Unternehmenskommunikation hat die Aufgabe, Journalisten oder auch Analysten diese Informationen gut aufbereitet zu übermitteln – sei es nun durch Pressemitteilungen, Geschäftsberichte oder persönliche Gespräche. In sogenannten Hintergrundgesprächen können auch vertrauliche Informationen übermittelt werden, die noch nicht veröffentlicht werden dürfen. Seriöse Journalisten halten sich an Vertraulichkeitsvereinbarungen und Sperrfristen, weil dies ihrem Berufsethos entspricht und weil sie auch wissen, dass sie sonst bald vom Informationsfluss abgeschnitten sind.

Journalisten sind auch daran interessiert, Markteinschätzungen von Unternehmen zu erhalten. Der Manager, der sich täglich in einem bestimmten Marktsegment bewegt, kann Entwicklungen oder Trends besser einschätzen als andere. Lässt er den Journalisten an diesem Wissen teilhaben, kann er sich einerseits als kenntnisreicher Experte und Marktkenner positionieren, andererseits hat der Redakteur auf diese Weise Material, das ihm bei seinen Recherchen, für seine Meinungsbildung und für seine Kommentierung hilfreich ist.

Solange die Rollen klar verteilt sind und jeder die Rolle des anderen respektiert, gibt es also viele Möglichkeiten für eine fruchtbare Zusammenarbeit zwischen Journalisten und Managern. Gleichwohl funktioniert diese Zusammenarbeit erfahrungsgemäß nur dann richtig gut, wenn es Intermediäre oder Dolmetscher gibt, die die Sprachen beider Seiten verstehen und sprechen und zwischen beiden vermitteln können. Diese Rolle kommt vor allem PR-Agenturen zu.

Eine gute PR-Agentur ist, obwohl sie vom Unternehmen bezahlt wird, zugleich auch Dolmetscher und Mittler zwischen dem Unternehmen und den Medien. Ihre Aufgabe ist es, den Managern zu helfen, ihre Botschaften so zu formulieren, dass sie bei der Zielgruppe – also den Medien – richtig ankommen und verstanden werden. Ihre Aufgabe ist es ebenso, beim Management Verständnis für die Bedürfnisse und Haltungen von Journalisten zu wecken wie auch bei den Journalisten Verständnis für die Haltungen und Interessen des Unternehmers.

Diese Dolmetscher-Aufgabe ist nicht einfach: Voraussetzung dafür ist, dass PR-Berater komplexe fachliche Zusammenhänge erst einmal selbst verstehen. Das ist natürlich bei Agenturen, die sich auf eine oder wenige Branchen spezialisieren, eher gewährleistet als bei „Allround-Beratern". Nur wer die spezifischen Produkte oder Dienstleistungen des Unternehmens ebenso versteht wie die Märkte, in denen dieses tätig ist, kann dann so formulieren, dass es auch andere verstehen können – wie eben zum Beispiel Redakteure, die sich nicht täglich mit diesen Zusammenhängen befassen.

Umgekehrt müssen Kommunikationsberater natürlich wissen, wie Journalisten „ticken" und welche Anforderungen diese an die Unternehmenskommunikation haben. Denn obwohl eine Agentur von dem Unternehmen bezahlt wird, ist ihr „Kunde" ebenso auch der Journalist, dem der PR-Berater bestimmte Botschaften „verkaufen" möchte. In gewisser Weise sitzen PR-Berater also zwischen den Stühlen oder auch abwechselnd auf beiden Stühlen. Das macht diese Arbeit einerseits interessant, andererseits aber auch sehr anspruchsvoll.

Denn obwohl sie von dem Unternehmen bezahlt werden, müssen Kommunikationsberater auch dem Management gegenüber kritisch sein und zuweilen die Rolle des *Advocatus Diaboli* spielen – im Interesse des Unternehmens. Sie müssen das Unternehmen darauf hinweisen, welche kritischen Reaktionen bestimmte Unternehmensentscheidungen hervorrufen könnten. In dieser Hinsicht ähneln sie Rechtsberatern, die das Management darauf hinweisen müssen, welche rechtlichen Risiken bestimmte Entscheidungen mit sich bringen. Und PR-Berater müssen in der Lage sein, so gut wie möglich schon vorab die mediale Resonanz zu antizipieren.

Kommen wir zurück zur Ausgangsfrage: Ist die Furcht, die nicht wenige Manager vor den Medien haben, begründet? Einerseits stimmt es natürlich: Medien sind mächtig, und einer oder mehrere negative Berichte in den für das Unternehmen relevanten Medien können erhebliche negative Auswirkungen haben. Sie wollen sich nicht eingestehen, dass Sie vielleicht manchmal Angst vor der Macht der Medien haben? Nun, selbst Napoleon Bonaparte, bestimmt kein furchtsamer Bursche, räumte freimütig ein: „Drei feindliche Zeitungen sind mehr zu fürchten als tausend Bajonette."

Natürlich gibt es Fälle, in denen Unternehmen ungerechtfertigt in die Schusslinie geraten. Dies geschieht jedoch seltener, als die meisten das vermuten. Ich kann dies am Beispiel der Immobilien- und Fondsbranche belegen, in welcher meine Firma tätig ist. In dieser Branche gibt es seriöse und unseriöse Unternehmen. Ich habe es aber noch nie erlebt, dass ein seriöses Unternehmen beziehungsweise eine seriöse Persönlichkeit der Immobilien- und Fondsbranche unfair von den Medien „niedergemacht" worden wäre. Umgekehrt gilt: Unternehmen der Immobilien- und Fondsbranche, die über einen längeren Zeitraum Gegenstand massiver kritischer Berichterstattung waren, haben es in den allermeisten Fällen auch „verdient", dass so über sie berichtet wird. Ganz überwiegend handelt es sich um Unternehmen, die fragwürdige Produkte kreieren und denen die eigenen Profitinteressen wichtiger sind als die Bedürfnisse und Interessen ihrer Kunden. Manchmal sind es sogar Unternehmen, die ihre Kunden belügen und betrügen. Dass solche Unternehmen Gegenstand kritischer Berichterstattung werden, ist zu begrüßen, denn dies dient am Ende der Markthygiene.

Unternehmen mit unseriösen Geschäftspraktiken und fragwürdigen Produkten können allenfalls vorübergehend Journalisten täuschen, so wie sie auch vorübergehend Kunden täuschen können. Langfristig haben sie jedoch keine Chance darauf, dass seriöse und renommierte Medien positiv über sie berichten. Deshalb ist PR in diesen Fällen in Wahrheit machtlos – und das ist auch gut so.

Etwas ganz anderes ist es, wenn ein grundsätzlich seriöses Unternehmen Fehler in einzelnen Fällen macht. Natürlich wird auch darüber kritisch berichtet, aber wenn das Unternehmen seine Fehler einsieht und korrigiert, wird dies früher oder später auch von den Medien positiv goutiert. Ehrliche und kompetente Manager und Unternehmer, die es zugleich auch verstehen, professionell zu kommunizieren, brauchen keine Furcht vor den Medien zu haben.

Und hier noch eine gute Botschaft: Sie müssen kein Rhetorikkünstler sein, um mit Journalisten zu sprechen. Im Gegenteil. Wer allzu „glatt" formuliert, erzeugt eher Misstrauen als derjenige, der sich weniger geschliffen ausdrückt, aber dafür ehrlich, authentisch und kenntnisreich wirkt. Ich habe es immer wieder erlebt, dass es gerade „vertriebsorientierte" Manager schwerer hatten, ein Vertrauensverhältnis zu Journalisten herzustellen, weil die Begeisterung für ihre Produkte, das Glänzen in ihren Augen und die Beredsamkeit des Verkäufers bei Journalisten das Misstrauen eher verstärken.

Umgekehrt habe ich auch schon häufig erlebt, dass ein eher zurückhaltender oder fast introvertiert wirkender Manager bei Redakteuren im persönlichen Gespräch viel besser ankam, als er das selbst für möglich gehalten hätte. Der Grund war in diesen Fällen fast immer, dass der Betreffende in ruhiger, sachlicher Art fachliches Wissen und Branchenkenntnisse vermitteln konnte, ohne dabei vordergründig „verkäuferisch" zu wirken. Solche Gespräche sind aus Sicht von Redakteuren auch deshalb interessant, weil sie dabei in kurzer Zeit viele Hintergrundinformationen über eine Branche und ihren Markt gewinnen können. Im Idealfall kann sich der Gesprächspartner so als Experte für bestimmte Themen positionieren, dass er vom Redakteur bei anderer Gelegenheit aktiv angesprochen wird, wenn dieser Fragen hat, die er gerne mit einem kompetenten Fachmann besprechen würde.

Gelingt es Ihnen, eine professionelle Arbeitsbeziehung zu Journalisten herzustellen, dann ist das auch von entscheidender Bedeutung für die Positionierung Ihres Unternehmens. Diese erfolgt nämlich, wie wir gesehen haben, nicht durch Werbung, sondern in erster Linie durch die – sehr viel glaubwürdigere – Berichterstattung in den Medien. Denn weil die Leser renommierter Zeitungen wissen, dass Journalisten eher kritisch berichten, genießen Artikel, in denen sachlich oder gar wohlwollend über Ihr Unternehmen berichtet wird, eine sehr viel größere Glaubwürdigkeit und sind daher für die Positionierung von größtem Wert.

- Prüfen Sie selbst: Was denken Sie über Medien und über die Berufsgruppe der Journalisten? Sind diese Glaubenssätze förderlich oder hinderlich für eine professionelle Kommunikation mit den Medien?
- Dass Manager ungerechtfertigterweise in den Fokus medialer Kritik geraten, kann geschehen, ist aber seltener, als die meisten glauben.
- Sehen Sie die Sache auch einmal vom Standpunkt des Journalisten aus: Er muss kritisch und bis zu einem bestimmten Grad auch misstrauisch sein.
- Es ist unrealistisch, wenn Sie erwarten, dass sich ein Journalist stets so gut in der Materie auskennt wie Sie als Fachmann.
- Engagieren Sie professionelle Berater, die als „Dolmetscher“ zwischen dem Management und den Journalisten agieren können. Erwarten Sie von diesen Beratern, dass sie Ihr Geschäft ebenso verstehen wie die Gesetze der Medienwelt und die Ansprüche von Journalisten.

6

Entdecken Sie die Macht der Positionierung

Das höchste Ziel eines jeden Unternehmers und Managers muss der Aufbau einer Marke sein. Denn durch den Aufbau einer Marke wird ein immenser Firmenwert geschaffen und Sie können Ihre Produkte teurer verkaufen als Unternehmen ohne Markennamen. Apple hatte im Jahre 2011 einen Markenwert von über 150 Milliarden US-Dollar, Google war über 110 Milliarden wert, IBM über 100 Milliarden, McDonald's über 80 Milliarden und Microsoft über 78 Milliarden US-Dollar.[1] Eine Marke aufzubauen ist gleichbedeutend mit der richtigen Positionierung Ihres Unternehmens beziehungsweise seiner Produkte, die in den Augen der Verbraucher als etwas Besonderes wahrgenommen werden sollen, das man deshalb einem Wettbewerbsprodukt vorzieht und für das man gegebenenfalls auch bereit ist, mehr zu bezahlen als für ein No-Name-Produkt.

Lassen Sie sich nicht einreden, die Positionierung sei eine komplizierte Sache. Im Gegenteil. Gerade bei der

Positionierung geht es um Einfachheit. Mit Positionierung meine ich das Bild, das Ihre (potenziellen) Kunden von Ihrem Unternehmen haben. Hat der Kunde keinen guten, einfachen und unmittelbar einleuchtenden Grund, sich gerade für Ihr Produkt zu entscheiden – warum sollte er es dann kaufen? Einfach ist die Positionierung dann, wenn Sie die Produkte am billigsten anbieten können. Mit dieser Positionierung sind beispielsweise die Aldi-Brüder in Deutschland oder Wal-Mart in den USA groß und sehr, sehr reich geworden.

Sie müssen nicht unbedingt der billigste Anbieter sein, aber Ihr Unternehmen muss auf jeden Fall für etwas stehen, das es unverwechselbar macht. Viele erfolgreiche Unternehmen sind in den vergangenen Jahrzehnten als Kommunikationsunternehmen groß geworden, auch wenn sie nicht so bezeichnet werden. Nehmen wir das Unternehmen Red Bull, das heute zu den bekanntesten Marken gehört. Diese Firma produziert weder das Energy-Getränk noch vertreibt sie es. Wussten Sie das? Red Bull hat weder eigene Produktionsstätten noch eigene Lagerhallen. Das Unternehmen ist im Kern ein Kommunikationsunternehmen, das fast ausschließlich durch intelligente PR-Strategien groß geworden ist.

Red Bull gab am Anfang einen Großteil des Marketing-Budgets für das Sponsoring ausgefallener Sportarten aus, die gut zum Image des Trend-Getränkes passten – insbesondere handelte es sich hier um Extremsportarten. „Diese Veranstaltungen locken zwar nicht allzu viele Zuschauer an, schließlich finden sie ja nicht gerade um die Ecke statt, sie stoßen aber aufgrund ihrer Extravaganz bei zahlreichen Medien auf Interesse und erreichen so eine größere Öffentlichkeit. Bekanntere und publikumswirksame Events sind etwa die Air Races – eine Art Formel 1 für Flugzeuge – oder der Dolomitenmann, einer der weltweit härtesten Outdoor-Staffelbewerbe für Bergläufer, Paragleiter, Kajak-Paddler und Mountainbiker."[2]

Der Gründer des Unternehmens, Dietrich Mateschitz, hatte die Idee, die Marke Red Bull gerade im Zusammenhang mit solchen ausgefallenen Sportarten zu positionieren. Er ließ die Wettbewerbe filmen und stellte den Medien das Filmmaterial zur Verfügung. Eine geniale Idee! „Die Sendezeiten, Zeitungs- und Magazinseiten, die Red Bull auf diese Art erhält, ließen sich auf ‚normalem' Weg, sprich: durch das Buchen von Werbespots und Anzeigen, nicht einmal mit dem Marketing-Budget von einer Milliarde Euro kaufen."[3]

Ein anderes Unternehmen, das durch seine Positionierungsstrategie und eine entsprechende mediale Aufmerksamkeit groß wurde, ist die Modekette Abercrombie & Fitch. Die bei Jugendlichen sehr beliebten

Läden sehen vollkommen anders aus als normale Bekleidungsgeschäfte: In ihnen ist es so dunkel wie in einer Diskothek, die Musik ist ebenso laut. Über die Lüftungsanlage wird das Parfüm „Fierce“ versprüht, so dass die Kleider danach riechen. Das Personal ist sorgfältig und nach strengen Kriterien ausgewählt – es handelt sich ausschließlich um sehr gut aussehende junge Männer und Frauen. Vor den Geschäften posieren zuweilen junge Männer mit Waschbrettbauch.

Schon bevor im Dezember 2011 das erste Geschäft der Kette in Deutschland eröffnete, berichteten die Medien ausführlich darüber. Das *Handelsblatt* beispielsweise brachte einen großen Artikel mit der Überschrift: „Viele Menschen haben in unserer Kleidung nichts zu suchen.“[4] Und genau das ist der Kern der Positionierung der Textilkette. Der Konzernchef Michael Jeffries wird in dem Artikel mit den Worten zitiert: „Viele Menschen haben in unserer Kleidung nichts zu suchen. Die Unternehmen sind in Schwierigkeiten, die alle erreichen wollen: jung, alt, fett, mager.“

Die Kleidung, die in dem Geschäft angeboten wird, ist maßgeschneidert für Menschen mit einer guten Figur. Dies, sowie die Auswahl der Verkäufer nach optischen Kriterien, brachte freilich Feministinnen und andere Gruppen auf die Palme und sie warfen dem Unternehmen „Sexismus“ vor. Umweltschützer protestierten gegen die „Luftverschmutzung", weil man schon von außen das Parfüm riecht.

Da sich das Unternehmen klar positioniert und auch keine Angst vor öffentlichen Kontroversen hat, braucht es keine Werbung. Auf klassische Anzeigenwerbung wird denn auch verzichtet, denn die richtige Positionierung sorgt für eine hohe mediale Aufmerksamkeit, und das Übrige tut die Mund-zu-Mund-Propaganda in der jugendlichen Zielgruppe. „Die Unternehmen sind in Schwierigkeiten, die alle erreichen wollen" – mit diesem Satz hat Michael Jeffries ausgezeichnet ausgedrückt, worum es bei der Positionierung geht.

Arnold Schwarzenegger, ein Meister der Selbstvermarktung, hat es ganz ähnlich formuliert: „Es gibt einen natürlichen Druck, sich anzupassen, Dinge so zu tun, wie sie schon immer gemacht wurden. Aber ich hatte stets das Gefühl, dass die einzige Möglichkeit, einen bleibenden Eindruck zu hinterlassen, die ist, etwas so zu tun, wie es bisher noch nie gemacht worden ist."[5] Schwarzenegger hat übrigens selbst niemals einen Cent für die klassische Werbung ausgegeben, sondern verdankt seine Popularität vor allem der richtigen Positionierung mit den Mitteln der PR.

Ein weiteres Beispiel aus dem Textilbereich ist die japanische Bekleidungskette BAPE. Was hat sie anders gemacht als ihre Mitbewerber? Sie macht alles anders. Die Läden befinden sich gerade nicht in guten Lagen, sondern ganz bewusst an Standorten, die sehr schwierig für die Käufer zu finden sind. Sie dürfen in den meisten BAPE-Läden auch nur ein einziges Kleidungsstück kaufen, und dies muss genau in Ihrer Größe sein. Die Textilien werden nur in einer begrenzten Limited Edition produziert, so dass es gar nicht so einfach ist, eines der Kleidungsstücke zu ergattern. Natürlich wird die Marke genau durch diese Verknappung sowie durch das ungewöhnliche Flair attraktiv.[6] Sich vom Wettbewerb zu differenzieren, und zwar nicht durch kleine Nuancen, die nur dem Insider auffallen, sondern dadurch, dass man radikal anders ist, funktioniert erstaunlich gut.

Auch das Unternehmen Apple ist vor allem durch die geniale Positionierungs- und Kommunikationsstrategie groß geworden, und es gelang Steve Jobs dadurch, Apple zum Unternehmen mit dem weltweit höchsten Markenwert zu machen. Apple steht im Bewusstsein der Verbraucher für formschöne, einfache und verständliche Produkte. Jobs gelang es, die Produkte und die Marke mit einem Nimbus zu umgeben.

Das Geheimnis der Positionierung von Apple lag in der Einfachheit der Produkte und in der Beschränkung der Produktpalette. Apple hatte in den neunziger Jahren den Fehler von vielen Unternehmen gemacht und die Produktpalette immer mehr erweitert. Steve Jobs reduzierte dann 1998 die Anzahl der Produkte im Sortiment radikal von 350 auf zehn. Zehn Jahre später erklärte er in einem Interview mit dem *Fortune Magazine:*

„Mit Sicherheit hatten die namhaften Unterhaltungselektronikfirmen früher Tausende von Produkten. Wir neigen dazu, uns wesentlich stärker zu fokussieren. Viele meinen, fokussieren bedeutet, Ja zu sagen zu den Dingen, auf die man sich konzentriert. Doch dem ist nicht so. Es bedeutet, Nein zu sagen zu hundert anderen guten Ideen, die es gibt."[7]

Viele Unternehmen rühmen sich damit, besser zu sein als andere, bessere Produkte zu haben, höhere Qualität und einen exzellenten Kundenservice anzubieten. Kann man sich mit einer solchen Positionierung im Bewusstsein der Kunden unterscheiden? Natürlich nicht. Denn alle behaupten, dass ihre Produkte besser sind und eine ungewöhnlich hohe Qualität aufweisen.

Sie sollten sich vor Augen halten, dass Ihre Kunden in der Regel Laien sind und keine Experten. Der Unterschied zwischen einem Laien und einem Experten besteht aber vor allem darin, dass der Experte dort

Unterschiede sieht, wo der Laie keine erkennen kann. Und deshalb können Laien in vielen Fällen die tatsächliche Qualität eines Produktes oder einer Dienstleistung nur schwer beurteilen.

Das Konzept, „besser" zu sein, ist dennoch sinnvoll, aber nur als Ansporn für das Unternehmen selbst, sich um höchste Qualität zu bemühen. Als Positionierungsstrategie taugt das „Wir haben die bessere Qualität"-Konzept jedoch nicht. Ihr Produkt oder Ihre Dienstleistung sollte vielmehr einzigartig sein und sich deutlich vom Wettbewerb unterscheiden. Bei der Positionierung geht es also nicht in erster Linie um das „besser sein", sondern um das „anders sein".

Dieses „anders sein" gilt übrigens auch für Sie als Manager. Haben Sie den Mut, selbst anders zu sein als die anderen Unternehmenslenker! Steve Jobs (Apple), Richard Branson (Virgin), Larry Ellison (Oracle) oder Mark Zuckerberg (Facebook) haben sich selbst als Marke aufgebaut, indem sie den Mut hatten, sich anders zu kleiden, anders zu sprechen und andere Meinungen zu vertreten als viele ihrer Mitbewerber, die sich stromlinienförmig geschmeidig dem Mainstream angepasst haben. Dadurch war es für sie auch stets einfach, die Aufmerksamkeit der Medien auf sich zu ziehen.

Eine erfolgreiche Positionierungsstrategie besteht darin, sich eine Marktnische zu suchen, die im Bewusstsein der Konsumenten noch nicht durch einen Wettbewerber besetzt ist. Am glaubwürdigsten sind Sie dann, wenn Sie sich beziehungsweise Ihr Unternehmen als Experten beziehungsweise als Spezialisten positionieren.

Kunden vertrauen Spezialisten eher als Generalisten. Nehmen wir an, Sie hätten eine ernsthafte Herzerkrankung. Wem würden Sie eher vertrauen: dem Allgemeinmediziner, der von allen Krankheiten ein wenig versteht, oder dem renommierten Herzspezialisten, der sich auf seinem Gebiet einen exzellenten Ruf als Experte erworben hat?

Gelingt es Ihnen, sich als Spezialist in einem Markt zu positionieren, dann werden die Kunden in vielen Fällen von sich aus auf Sie zukommen, zumindest werden sie Ihr Unternehmen in den meisten Fällen um ein Angebot bitten. Als Spezialist und Experte haben Sie sich einen bestimmten Platz im Gedächtnis Ihrer potenziellen Kunden erobert.

Es nützt allerdings nichts, wenn Sie ein hervorragender Experte sind oder ein einzigartiges Produkt haben, aber niemand davon erfährt. Bei der Positionierung geht es deshalb stets auch und vor allem um die richtige Kommunikation.

Strategie, Produktentwicklung und Kommunikation verweben sich heute immer mehr zu einer Einheit. Früher war es so, dass man ein neues Produkt entwickelte und sich dann Gedanken darüber machte, wie man es mittels Werbung und anderer Marketingmaßnahmen gut vermarkten könnte. Heute ist die Positionierung von so entscheidender Bedeutung für den Markterfolg, dass die Frage, ob Sie ein Produkt oder eine Dienstleistung überhaupt an den Markt bringen sollten, entscheidend davon abhängt, ob Sie zuvor eine wirksame Kommunikationsstrategie dafür entwickelt haben. Überlegungen zur Kommunikation eines Produktes stehen also nicht mehr am Ende der Produktentwicklung, sondern sind ein integraler Bestandteil davon.

Ich habe als Sparringspartner von Unternehmen der Fondsbranche in einer Reihe von Fällen ausschließlich deshalb davon abgeraten, ein Produkt an den Markt zu bringen, weil sich aus meiner Sicht keine überzeugende Kommunikationsstrategie dafür entwickeln ließ. Natürlich habe ich mich mit meinen Bedenken nicht immer durchgesetzt. Aber in 95 Prozent der Fälle, in denen ich abgeraten hatte, wurde das Produkt später tatsächlich ein Flop, vielfach mussten die Fonds mit erheblichen Kosten vom Markt genommen werden.

Die Verbraucher sind heute einer Reizüberflutung ausgesetzt, wie es sie noch niemals in der Geschichte gab. Als ich ein Kind war, gab es in Deutschland nur drei Fernsehkanäle, es gab kein Fax, kein Internet und keine Smartphones. Wer damals Werbung im Fernsehen schaltete, konnte noch mit einer hohen Aufmerksamkeit rechnen. Immer mehr Produkte kämpfen heute auf immer mehr Kanälen um die Aufmerksamkeit der Kunden. Und leider tun sie das allzu häufig mit auswechselbaren Sprüchen, deren viele Konsumenten überdrüssig sind.

Die Verbraucher sind heute wesentlich kritischer geworden. Früher vertrauten die meisten Bürger beispielsweise dem „Bankbeamten" oder dem netten Versicherungsvertreter, der ihnen eine bestimmte Anlage empfahl. Heute informieren sich Verbraucher im Internet, vergleichen die Produkte und glauben plakativen Werbebotschaften oft nicht mehr. Sie hören eher auf den Rat unabhängiger Experten, schauen sich vergleichende Tests an, recherchieren, über welche Erfahrungen andere Kunden, die ein Produkt gekauft haben, in Blogs berichten.

Beobachten Sie doch einmal Ihr eigenes Verhalten: Lesen Sie sich wirklich die austauschbaren Phrasen in den Broschüren von Wirtschaftsprüfungs- oder Steuerberatungsgesellschaften durch, die allesamt damit glänzen, dass sie „maßgeschneiderte Lösungen" anbieten und „kompetente Teams" haben? Wenn Sie sich für einen Dienstleister oder Berater entscheiden, dann bestimmt nicht wegen dieser austauschbaren Sprüche. Eher schon wegen Referenzen – wenn sich nämlich andere Mandanten des Unternehmens positiv über dessen Leistungen äußern.

Da die Kunden immer kritischer werden, kommt der richtigen und glaubwürdigen Kommunikation eine immer höhere Bedeutung zu. Das höchste Gut ist das Vertrauen, das Ihnen Ihre Kunden schenken – und dieses Vertrauen können Sie sehr viel leichter als Spezialist gewinnen denn als Generalist. Warum gibt es dann aber so viele austauschbare Produkte und Dienstleistungen? Weil es eben ungleich schwieriger ist, etwas Neues, Einzigartiges zu entwickeln, als eine Vielzahl unterschiedlicher Nachahmer-Produkte anzubieten. Diversifikation ist jedoch nicht selten ein Ausdruck von Ratlosigkeit. „Ich versuche mal dies und mal jenes, eines davon wird schon funktionieren."

Fokussierung erfordert mehr Gedankenarbeit und mehr Mut, weil Sie in gewisser Weise alles auf eine Karte setzen. Deshalb schrecken viele Unternehmen davor zurück. Sie bieten lieber einen Bauchladen an Dienstleistungen oder Produkten an. Dem Kunden fällt es dann jedoch umso schwerer, die Frage zu beantworten, wofür das Unternehmen tatsächlich steht.

Wenn ich in meiner Beratungstätigkeit ein Unternehmen neu gewonnen habe, dann befasse ich mich zuerst mit der Palette der Produkte oder Dienstleistungen, die von dem Unternehmen angeboten wird. Ich stelle dann die Frage, mit welchen dieser Dienstleistungen man wie viel Prozent des Umsatzes und – wichtiger noch – des Ertrages macht. Häufig stellt sich heraus, dass von zehn angebotenen Dienstleistungen eine oder zwei für 90 Prozent des Ertrages verantwortlich sind. Warum verwirrt man dann aber die Kunden auf der Website, in Firmenbroschüren und Unternehmenspräsentationen dennoch mit einer Vielzahl unterschiedlicher Dienstleistungen, von denen viele gar kein Geld bringen?

Der Grund liegt meistens darin, dass man nicht den Mut hat, etwas wegzulassen und sich stärker zu fokussieren. Häufig spielen sachfremde Erwägungen eine Rolle: „Die Abteilung X mit dem Kollegen Y wäre wirklich sauer, wenn wir diese Dienstleistung nicht in unserem Internetauftritt gebührend erwähnen würden." Ihre Aufgabe als Vorstand oder Geschäftsführer ist es, hier eine Entscheidung zu treffen: Wollen Sie es lieber riskieren, Ihre (potenziellen) Kunden zu verwirren, als eine Abteilung zu enttäuschen, die ohnehin einen nur unbedeutenden Beitrag zum Geschäftsergebnis liefert?

Viele Unternehmen, die zunächst gut positioniert waren, haben dadurch Probleme bekommen, dass sie die Palette an Produkten oder Dienstleistungen immer mehr ausgeweitet haben. Oft wurde ein kurzfristiges Umsatzplus durch ein neues Produkt mit einer Verwässerung des Markenkerns erkauft.

Als Argument für die Einführung eines neuen Produktes oder einer neuen Dienstleistung höre ich immer wieder: „Wir können das doch auch." Mag sein. Aber trauen Ihnen Ihre Kunden das auch zu? Oder entscheiden sich diese im Zweifelsfall lieber für ein anderes Unternehmen, das sich mit dieser Dienstleistung beziehungsweise mit diesem Produkt schon seit vielen Jahren am Markt erfolgreich positioniert hat? Wenn Sie über Positionierung nachdenken, ohne innerlich dazu bereit zu sein, auf Dienstleistungen und Produkte in Ihrem Angebot zu verzichten, dann haben Sie es schwer.

Natürlich spricht das nicht dagegen, dass Sie auch mal etwas Neues probieren und möglicherweise sogar Ihr Geschäftsfeld ausweiten. Da sich der Markt ändert, können nur Unternehmen überleben, die sich anpassen und die bereit sind zu experimentieren – auch auf die Gefahr hin, dass diese Experimente scheitern. Aber Sie sollten dabei nicht vergessen, was wirklich die Kernkompetenz Ihres Unternehmens ist und was Sie – aus Sicht der Kunden – glaubwürdig anbieten können.

Wie oft haben Sie schon von Unternehmen das Bekenntnis gehört, man wolle sich künftig „wieder stärker auf die Kernkompetenz konzentrieren"? Übersetzt heißt das: Wir hatten uns verzettelt und machen jetzt lieber wieder das, wofür wir bekannt sind, was wir nachgewiesenerweise gut können und wo uns die Kunden vertrauen.

Wofür steht Ihr Unternehmen? Was ist das Alleinstellungsmerkmal Ihres Produktes? Wer würde Ihr Unternehmen und Ihre Produkte wirklich vermissen (und warum?), wenn Sie morgen insolvent wären? Wenn Sie diese Frage nicht mit einfachen und klaren Worten beantworten können, sondern sich in Wortschaum wie „Qualität", „Kompetenz" oder „Kundenorientierung" flüchten, dann haben Sie ein ernstes Problem mit der Positionierung Ihrer Marke. Dazu mehr im folgenden Kapitel.

Haben Sie die richtige Positionierung gefunden, dann muss diese natürlich kommuniziert werden. Und das geschieht am besten und effektivsten, wenn Sie Ihre Öffentlichkeitsarbeit auf diejenigen Medien fokussieren, die von Ihrer Zielgruppe gelesen werden und die dort die höchste Glaubwürdigkeit genießen. Bei einem Unternehmen, das im B2B-Bereich tätig ist, werden das vor allem die entsprechenden Fachmedien sein, bei Unternehmen, die im B2C-Bereich tätig sind, wird sich die Kommunikationsarbeit vor allem auf die breiteren Publikumsmedien konzentrieren.

Damit sollte auch deutlich geworden sein, wie sich „Positionierung“ und „PR“ zueinander verhalten: Die Positionierung ist das eigentliche Ziel. Sie ist sozusagen die „Schublade im Kopf des Verbrauchers“, in die Ihr Unternehmen oder Ihr Produkt spontan gesteckt wird. Die PR ist das effizienteste Mittel, um diesen Zweck zu erreichen.

- Beim Aufbau einer Marke geht es im Kern um die Positionierung Ihres Unternehmens beziehungsweise der von diesem angebotenen Produkte oder Dienstleistungen.
- Fokussierung und Einfachheit sind die wichtigsten Elemente einer erfolgreichen Positionierung.
- Haben Sie den Mut, Dienstleistungen oder Produkte aus Ihrer Angebotspalette zu streichen!
- Widerstehen Sie der Versuchung, kurzfristige Umsatzzuwächse zu erzielen, wenn dies mit einer Verwässerung Ihres Markenkerns erkauft wird.
- Machen Sie sich einen Namen als Spezialist und Experte in einer Nische.

- Seien Sie nicht nur besser, sondern vor allem anders als Ihre Wettbewerber – so wie Abercrombie & Fitch, deren Chef sagt: „Die Unternehmen sind in Schwierigkeiten, die alle erreichen wollen."
- Kommunizieren Sie in jenen Medien die Positionierung Ihres Unternehmens beziehungsweise Ihrer Produkte und Dienstleistungen, die bei Ihren potenziellen Kunden das höchste Ansehen genießen.

7

Vermeiden Sie Wortschaum

Der Vorstand eines Unternehmens erzählte mir stolz, man arbeite mit einer Agentur nun schon seit einem halben Jahr an der Formulierung eines Unternehmensleitbildes. Dazu habe es mehrere Workshops gegeben, bei denen die gesamte Führungsebene anwesend war. Das Ergebnis war schließlich, dass man herausgefunden hatte, „der Mensch solle für das Unternehmen im Mittelpunkt stehen".

Sie lachen? Aber dergestalt sind die Weisheiten, die meist herauskommen, wenn Unternehmen zusammen mit Agenturen Leitbilder erstellen. Früher landeten solche Leitbilder in den Schubladen, und keiner hat sie jemals wieder angeschaut – zumindest so lange nicht, bis ein neuer Kommunikations- oder Marketingchef auf die Idee kam, es sei ganz dringend notwendig, endlich einmal das Unternehmensleitbild zu überarbeiten. Heute landen solche Weisheiten auf den Websites der Unternehmen.

Der amerikanische Marketingspezialist Harry Beckwith, dem die austauschbaren Phrasen in sogenannten Mission-Statements ebenso auf die Nerven gehen wie mir, empfiehlt einen einfachen Test: Ein Mission-Statement muss, wenn es wirklich Sinn haben soll, eine Änderung im Verhalten der Mitarbeiter des Unternehmens erzeugen. Die Empfehlung von Beckwith: Drei Wochen, nachdem man ein Mission-Statement formuliert und kommuniziert hat, soll man fünf Mitarbeiter erstens fragen, ob sie irgendetwas in den vergangenen drei Wochen anders gemacht hätten als zuvor oder ob sie – zweitens – vorhätten, in den kommenden drei Wochen etwas anders zu machen als bislang. Bekäme man auf diese Fragen zehn „Nein“ als Antwort, solle man das Mission-Statement einfach in den Müll werfen.[1]

Vielleicht wenden Sie ein, das Mission-Statement sei ja gar nicht in erster Linie für die Mitarbeiter des Unternehmens gedacht, sondern für dessen Kunden.

Die Wahrheit ist: Niemand liest diese Statements und niemand nimmt sie ernst. Sie langweilen damit Ihre Kunden und Geschäftspartner und vergeuden deren wertvolle Zeit. Und das ist kein guter Ausgangspunkt für eine Geschäftsbeziehung. Ihre Mitarbeiter zucken allenfalls mit den Achseln und fragen sich, warum Sie Ihre Zeit mit einem solchen Blödsinn vertrödeln.

Manchmal werde ich gefragt, wie denn ein gutes „Mission-Statement" aussieht. Offen gesagt habe ich Zweifel, ob Sie überhaupt so etwas brauchen. Wenn Sie ein klares Geschäftsmodell und klare Differenzierungsmerkmale zu Ihren Wettbewerbern haben, wird es Ihnen leichtfallen, das aufzuschreiben. Sie müssen letztlich nur in einfachen Worten sagen, was Ihr Unternehmen tatsächlich macht und in welcher Beziehung es einzigartig ist.

Natürlich ist es toll, wenn es Ihnen darüber hinaus gelingt, Ihre Mitarbeiter oder Kunden davon zu überzeugen, dass Sie eine wirkliche „Mission" zu erfüllen haben, so wie das Steve Jobs gelang, der nicht einfach nur Computer herstellen, sondern die ganze Welt verändern und verbessern wollte. Und wenn Sie dabei noch einen „Feind" haben (so wie das Microsoft für Apple war), dann schweißt das Ihre Leute noch stärker zusammen.

Wenn Sie aufschreiben, was Ihr Unternehmen auszeichnet, dann sollten Sie dabei auf eigene, bewertende Urteile über die Qualität Ihrer Arbeit und auf das Aufzählen von Selbstverständlichkeiten („der Kunde steht im Mittelpunkt") verzichten. Wertvoll sind dagegen Referenzen von Dritten, beispielsweise von Ihren Kunden. Wenn die – in ihren eigenen Worten – sagen, was sie an Ihrer Firma schätzen, ist das hundertmal wertvoller und sympathischer, als wenn Sie sich selbst über den grünen Klee loben.

Ich habe nachfolgend einige Beispiele, die sich auf den Websites führender deutscher Unternehmen fanden, zusammengestellt. Um Sie vorweg zu warnen: Wenn Sie schon nach dem Lesen der ersten drei oder vier Statements entnervt sind, dann brauchen Sie diese Sprüche nicht weiterzulesen. Ihnen geht es dann aber genauso wie jedem Leser dieses Wortschaums, denn ich habe noch niemanden gefunden, der das wirklich interessant fand. Hier also einige willkürlich herausgegriffene Blüten von den Websites großer deutscher Unternehmen. Ich habe es mir dabei nicht verkneifen können, in kursiver Schrift die eine oder andere ironische Anmerkung hinzuzufügen.

- „Die Allianz AG übernimmt Verantwortung und engagiert sich nachhaltig für gesellschaftliche Belange, zu denen sie Lösungsvorschläge leisten kann."
- „Wir sind voll und ganz darauf ausgerichtet, kontinuierlich hervorragende Ergebnisse zu erzielen." (Adidas) *Wer wollte das nicht?*
- „Für uns stehen die Bedürfnisse des Verbrauchers an erster Stelle." (Beiersdorf) *Das ist eine wirkliche*

Überraschung und definitiv ein tolles Alleinstellungsmerkmal!

- „Wir wissen, was unsere Verbraucher bewegt." (Beiersdorf)
- „Uns ist immer beides wichtig: der Erfolg und die Menschen." (Beiersdorf)
- „In einem erfolgreichen globalen Unternehmen tut sich permanent etwas." (BMW) *Sieh mal einer an! Wer hätte das gedacht?*
- „Um dauerhaft erfolgreich zu sein, müssen wir uns schnell und flexibel an neue Anforderungen anpassen." (BMW)
- „Die BMW Group ist am Mitarbeiter als ganzem Menschen interessiert." *Ob das den Mitarbeitern wirklich gefällt?*
- „Die Bedürfnisse unserer Kunden stehen im Fokus unseres Handelns." (Daimler) *Toll! Das ist nun wirklich ein guter Grund, einen Daimler zu kaufen.*
- „Unseren Kunden sind wir als Dienstleister in besonderem Maße verpflichtet." (Deutsche Börse)
- „Der Kunde steht im Zentrum." (Lufthansa)
- „Wir richten unsere Aktivitäten konsequent an unseren Kernkompetenzen aus." (Lufthansa) *Warum eigentlich wird bei den „Kernkompetenzen" ganz konsequent immer das Wort „konsequent" hinzugefügt? Viel-*

leicht damit garantiert kein Zweifel aufkommen kann, dass es sich anders verhalten könnte?

- „Bildung ist weltweit eine Voraussetzung für die gesellschaftliche Entwicklung eines Landes." (Deutsche Post) *Das ist ja eine geradezu sensationell-bahnbrechend neue Erkenntnis!*
- „Wir bieten unseren Kunden flexible Lösungen, die speziell auf ihre Bedürfnisse zugeschnitten sind." (E.ON)
- „Wir sind mehr als nur Dienstleister, wir sind ein zuverlässiger Partner und stehen Ihnen stets zur Seite." (E.ON) *Das hätte ich als Kunde gar nicht verlangt, mir würde es genügen, sicher und günstig Energie zu bekommen.*
- „Als leistungs- und ergebnisorientiertes Unternehmen legen wir großen Wert auf die Kompetenz unserer Mitarbeiter und Führungskräfte." (HeidelbergCement). *Wer hätte das gedacht? Jetzt bin ich wirklich überrascht. Ich dachte, Ihnen sei es egal, wie kompetent Ihre Mitarbeiter sind.*
- „Ganzheitliche Effizienz und ausgeprägte Kundenorientierung stehen dabei im Fokus." (Heidelberg-Cement) *Ganzheitlich? Das sollte wirklich niemals bei solchen Statements fehlen, denn das klingt besonders aufgeklärt, nachdenklich und verantwortungsbewusst. Fast so wichtig wie „nachhaltig".*

- „Wir schätzen unsere Kunden und stellen sie in den Mittelpunkt unserer Arbeit." (Henkel). *Na ja, das Gegenteil wäre ja auch nicht sehr erfolgversprechend – wir verachten unsere Kunden und die sind uns auch ganz egal.*
- „Wir möchten den Menschen nicht schaden." (Linde) *Das finde ich ganz besonders fürsorgend, und das beruhigt mich wirklich. Daran sollten sich andere ein Beispiel nehmen!*
- „Wir handeln moralisch, ehrlich und fair." (Linde) *In Verbindung mit der Aussage, dass Sie den Menschen nicht schaden wollen, ist das wirklich ungeheuer beeindruckend! Ein guter Grund, bei Linde zu kaufen.*
- „Jeder Mensch sollte mit Respekt behandelt werden." (Linde) *Ist das bei einem Philosophen wie Immanuel Kant oder bei einem Schriftsteller wie Dale Carnegie entlehnt?*
- „Wir wollen ehrlich und konstruktiv miteinander umgehen … Unser Erfolg beruht auf Mut, Leistung, Verantwortung, Respekt, Integrität und Transparenz." (Merck Group)
- „Nachhaltigkeit bedeutet für uns, im Sinne zukünftiger Generationen verantwortungsvoll zu handeln – wirtschaftlich, ökologisch und sozial." (Siemens) *Das klingt so toll, dass man es sofort in das*

Programm jeder deutschen Partei übertragen könnte (falls es dort nicht schon drinsteht).

- „Unser Nachhaltigkeitsverständnis ist eng mit unseren Unternehmenswerten verbunden: verantwortungsvoll, exzellent, innovativ.“ (Siemens)

So, und nun gebe ich Ihnen eine Anleitung, die allein das Geld wert ist, das Sie für dieses Buch ausgegeben haben. Nein – Sie sparen damit viele zehntausend Euro an Beratungskosten und noch mehr wertvolle Zeit, die Sie sonst in Workshops verbrächten, in denen Sie unter Anleitung jung-dynamischer Werbeleute bunte Zettel mit folgenden Worten an eine Pinnwand heften müssten:

- Nachhaltig
- Kunde (im Mittelpunkt)
- Der Mensch (auch im Mittelpunkt)
- Kundenorientierung (konsequent)
- Innovativ
- Maßgeschneiderte Lösungen
- Flexibel
- Verantwortung für die Umwelt
- Sozial (besser noch: sozial verträglich)
- Leistung (mit Leidenschaft verbunden besonders wertvoll)

- Ökologisch
- Ganzheitlich
- Kundenorientierung (immer in Verbindung mit „konsequent")
- Kernkompetenz
- Kompetente Teams
- Partner (immer an Ihrer Seite)
- Globalisierung (als Chance und Herausforderung)

Und nun die Anleitung: Kombinieren Sie diese Worte in beliebiger Reihenfolge und setzen Sie daraus Sätze zusammen. Dann ersparen Sie sich die vielen Workshop-Sitzungen und eine Menge Beratungskosten. Im Idealfall kommt Folgendes heraus:

„Wir wirtschaften ebenso nachhaltig wie konsequent stets im Interesse unserer Kunden. Bei allen unseren Aktivitäten steht der Mensch im Mittelpunkt. Im Sinne ganzheitlicher, ökologischer und sozial verträglicher Lösungen tragen wir Verantwortung für unsere Mitarbeiter ebenso wie für die Umwelt. Wir stellen uns unserer gesellschaftlichen Verantwortung und schätzen den partnerschaftlichen Dialog."

Sie brauchen nicht mehr als fünf Minuten, um ein solches Statement zu formulieren. Sollten Sie der Chef einer Werbeagentur sein und dies als Beratungsleistung anbieten wollen, dann besteht die eigentliche Kunst nur noch darin:

1. Tun Sie so, als ob die Formulierung dieses Statements das Ergebnis langer, anstrengender Arbeit gewesen sei.
2. Verlangen Sie dafür ein möglichst horrendes Honorar, denn dann kommt niemand so leicht auf die Idee, diese Leistung könne vielleicht gar nichts wert sein.
3. Begegnen Sie etwaigen Zweiflern („der Kaiser ist nackt") mit dem schlagenden Hinweis, dass die Sache doch einen Sinn haben *muss*, weil alle anderen Unternehmen auch solche Statements haben.
4. Stellen Sie unbedingt sicher, dass Ihr Kunde dieses Buch auf keinen Fall in die Hände bekommt, denn ihm könnten dann gewisse Zweifel am Sinn des Ganzen kommen.

Nachdem Sie Ihre Statements formuliert haben und somit wissen, was Sie in Ihre Firmenbroschüren und auf Ihre Website schreiben können, haben Sie auch gleich die Versatzstücke für Reden bei allerlei Anlässen. Sie müssen jetzt nur noch ein paar Worte hinzufügen. So dürfen Sie auf keinen Fall vergessen, mit wichtiger Miene zu betonen, Ihr Unternehmen sei „gut aufgestellt“ oder besser: Es sei „jetzt gut aufgestellt“. Das wird mit Sicherheit jeden beeindrucken.

Von allergrößter Wichtigkeit – aber dies wissen Sie bestimmt schon – ist es, dass Sie in jeder Rede mindestens fünfmal das Wort „Nachhaltigkeit“ verwenden. Das ist aber wirklich das absolute Minimum. Denn weniger als fünfmal könnte ein Hinweis darauf sein, dass Sie Ihre Verantwortung für die Gesellschaft und überhaupt für unseren ganzen blauen Planeten nicht wahrnehmen und immer noch nicht begriffen haben, dass wir kurz vor einer globalen Klimakatastrophe stehen, die wirklich nur durch konsequent nachhaltiges Wirtschaften – vielleicht – noch in letzter Minute abgewendet werden kann.

Der zeitgeistige Wortschaum beschränkt sich längst nicht mehr auf feierliche Reden und Mission-Statements. Dann könnte man vielleicht noch darüber hinwegsehen. Er hat jedoch längst auch die Sprache der Werbung erreicht und dazu geführt, dass Botschaften ausgesendet werden, die die Empfänger nicht mehr erreichen. Die französische Autofirma Renault warb beispielsweise in Deutschland mit dem Slogan „Drive the Change“. In einer Pressemitteilung im August 2010 erklärte das Unternehmen den Spruch so: „Der neue Markenclaim steht für die Visionen und Ziele von Renault, zukünftig noch mehr als heute erschwingliche und umweltfreundliche Fahrzeuge anzubieten, die die Belange der Umwelt berücksichtigen und die konsequent auf die Bedürfnisse des Menschen abgestimmt sind." Der Vorstandsvorsitzende der Renault Deutschland AG erläuterte: „Der neue Markenclaim ‚Drive the Change' unterstreicht, dass Renault einen echten Bewusstseinswandel hin zu einem neuen Mobilitätsansatz vollzogen hat." Die meisten Adressaten verstanden den Slogan jedoch nicht und übersetzten ihn zum Beispiel mit „Wechsel den Fahrer" oder „Fahre für Kleingeld/Wechselgeld".[2]

Der Autohersteller Mitsubishi warb seit 2008 weltweit mit dem Claim *drive@earth*, der den ebenso sinnlosen Claim „Drive alive" (lebend fahren?) ablöste. Der Slogan soll laut Mitsubishi verdeutlichen, dass ein gesunder Planet wichtig ist und Mitsubishi Synergien zwischen technologischem Fortschritt und nachhaltigem Ressourceneinsatz sehe.[3]

Die Schuhmarke Timberland wirbt in Deutschland mit dem Spruch „More landscape, less landfill", was sinngemäß vielleicht mit „mehr Landschaft – weniger Müll" übersetzt werden könnte. Bei einer Straßenbefragung des TV-Senders ProSieben im März 2010 konnte jedoch kein einziger Passant den Spruch übersetzen. Selbst die Leiterin einer Timberland-Filiale in

Köln, an deren Schaufenster dieser Spruch in großen Lettern prangte, hatte keine Ahnung, was der Spruch bedeuten könnte.[4]

Man mag die Werbeagenturen kritisieren, die sich einen solchen Unsinn ausdenken, aber letztlich werden solche Slogans ja von den Managern der Unternehmen abgesegnet. Wie kommt es, dass sich so viele Manager von den vermeintlichen Marketingexperten ins Bockshorn jagen lassen?

Nicht wenige Führungskräfte aus der Wirtschaft fühlen sich besonders aufgeklärt und fortschrittlich, wenn sie möglichst viele zeitgeistige Worthülsen übernehmen. Sie lassen sich einreden, ein Firmenlenker, der nicht als rückschrittlich gelten wolle, müsse „Corporate Social Responsibilty" ebenso wichtig nehmen wie „Nachhaltigkeit" – und eigene umfangreiche Berichte zu diesen Themen verfassen lassen. Oft verbirgt sich dahinter jedoch einfach eine Unsicherheit in politischen und gesellschaftlichen Fragen.

Weil es nicht zum Tagesgeschäft von Managern gehört, sich eingehend mit übergeordneten politischen Fragestellungen auseinanderzusetzen, sind sie aufnahmebereit dafür, wenn ihnen „Marketingexperten" erklären, wie ungeheuer wichtig es sei, die „soziale und ökologische Verantwortung" hochzuhalten und sich ein grünes Image zu geben.

Die politische Positionierung vieler Manager ist traditionell im Vergleich zur Gesamtgesellschaft konservativer – dies belegen zahlreiche Umfragen. Da man mit konservativeren Positionen jedoch in der Öffentlichkeit und bei den Medien weniger Sympathien bekommt als beispielsweise mit „grünen" und „sozialen" Thesen, hoffen viele Manager, mit einer beflissenen Anbiederung an den Zeitgeist Sympathiepunkte zu sammeln und es sogenannten „kritischen Anspruchsgruppen" recht zu machen oder diesen zumindest den Wind aus den Segeln zu nehmen.

Oft geschieht jedoch genau das Gegenteil: Denn wenn ein Unternehmen in der Außenkommunikation einmal beginnt, sich beispielsweise als besonders „ökologisch" zu gerieren, dann wird es von diesen Gruppen auch genau daran gemessen. Wenn dann das tatsächliche Handeln des Unternehmens – wirklich oder vermeintlich – in irgendeinem Detailbereich im Widerspruch zu jenen hehren Postulaten steht, die in der Kommunikation verkündet wurden, dann wird es erst recht an den Pranger gestellt. Es entsteht dann leicht eine verhängnisvolle Spirale für das Unternehmen, weil die Kritiker stets irgendwelche Belege dafür finden werden, dass das Unternehmen immer noch nicht genug tue, um seiner „gesellschaftlichen Verantwortung" gerecht zu werden.

Da die Menschen heute skeptischer sind als früher, lassen sie sich nicht so leicht durch Worthülsen wie „Nachhaltigkeit“ beeindrucken, sondern bewerten so etwas eher als perfide Strategie profitgieriger Unternehmer, ihrer Firma einen „grünen Anstrich“ zu geben, ohne wirklich etwas ändern zu wollen. Und um diese These zu belegen, beginnen sie, nach „Beweisen“ dafür zu suchen, dass sich das Unternehmen nicht entsprechend den hehren Proklamationen verhält.

Die Kritik, mit der Sie konfrontiert werden, findet sich heute nicht mehr nur in den traditionellen Medien. Im Gegenteil. Ausgangspunkt der Kritik sind häufig Blogs und Internetforen, wo sich „Betroffene“ austauschen. Nicht selten geschieht es dann in einer zweiten Stufe, dass diese Kritik in die traditionellen Medien überschwappt. Und während es früher so war, dass ein kritischer Zeitungsartikel schnell in Vergessenheit geriet, ist er heute auch noch nach Jahren für jeden präsent. Denn Google vergisst nie.

- Meiden Sie Wortschaum! Ein gutes Erkennungsmerkmal für Wortschaum ist, dass die Aussagen banal und austauschbar sind – und dass kein vernünftiger Mensch und kein Unternehmen das Gegenteil der hehren Postulate formulieren würde.
- Nur weil viele andere Unternehmen phrasenhafte und inhaltsleere Worthülsen formulieren, ist das für Sie kein Grund, Ihre Zeit damit zu verschwenden. Sparen Sie sich die Zeit für lange Workshops und das Geld für teure Beratungsleistungen, bei denen nur austauschbare Phrasen herauskommen.
- Lassen Sie sich nicht von „Marketingexperten" einreden, Sie müssten sich angeblich besonders „ökologisch", „nachhaltig" und „sozial" geben. Wer dies lautstark nach außen postuliert, wird auch daran gemessen werden.
- Statt Zeit mit der Formulierung von Wortschaum zu verschwenden, sollten Sie sich Gedanken darüber machen, was Ihr Unternehmen und Ihre Produkte wirklich einzigartig macht und von der Konkurrenz unterscheidet. Dazu gehört bestimmt nicht das Bekenntnis, dass der Kunde bei Ihnen im Mittelpunkt steht.

8

Verstehen Sie die Macht von Google

Wann haben Sie das letzte Mal Ihren Namen bei Google eingegeben, so wie das etwa ein Geschäftspartner tun würde, bevor er sich das erste Mal mit Ihnen trifft? Und welche Ergebnisse wurden bei der Google-Suche angezeigt? Haben Sie Inhalte gefunden, die schon seit vielen Jahren nicht mehr stimmen oder längst nicht mehr aktuell sind? Oder gehören Sie gar zu den inzwischen zahlreichen Managern, die Opfer von Cybermobbing und Rufmord im Internet geworden sind, über die Christian Scherg in seinem Buch *Rufmord im Internet* berichtet? Leider kennen sich die Cybermobber meist hervorragend beim Thema „Suchmaschinenoptimierung“ aus, und es gelingt ihnen, diffamierende Inhalte über Ihre Person oder Ihr Unternehmen geschickt so zu platzieren, dass diese auf der ersten Google-Seite angezeigt werden.

Vorstände von Unternehmen sind heute beliebte Opfer solcher Diffamierungskampagnen. Wenn Sie jemand „googelt" und als Erstes auf rufschädigende Inhalte stößt – spätestens dann wissen Sie, dass Sie die Macht von Google nicht einfach ignorieren können. Übrigens: Im Folgenden ist von Google die Rede, weil – zumindest in Deutschland – andere Suchmaschinen kaum noch eine Rolle spielen. Was hier gesagt wird, trifft jedoch im Prinzip auch auf andere Suchmaschinen zu.

Wie wichtig heute Google ist, zeigt das Beispiel von Firmen wie Amazon, Immobilienscout24 und Zalando. Solche Unternehmen beschäftigen ganze Abteilungen, die ihre Internetseiten so optimieren, dass sie bei Suchanfragen zu den für ihr Unternehmen relevanten Begriffen bei Google immer auf der ersten Ergebnisseite zu finden sind. Amazon ist zum Beispiel beim Suchbegriff „Bücher" ganz oben, Immobilienscout24 bei „Wohnungssuche" und Zalando bei „Damenschuhe".

Viele Unternehmenslenker wissen jedoch immer noch viel zu wenig darüber, wie wichtig heute Google für ihr Unternehmen ist. Erst langsam beginnen sie zu verstehen, dass es nichts nützt, wenn man zwar online ist, von potenziellen Kunden aber nicht gefunden wird. Auf den Punkt gebracht hat es der amerikanische Journalist Jeff Jarvis: „Wer in Google nicht auffindbar ist, der existiert nicht." Unternehmen wie Amazon,

Immobilienscout24 und Zalando würden schlichtweg nicht existieren, wenn sie bei Google mit ihren Websites nicht auffindbar wären.

Machen Sie folgenden Test: Überlegen Sie sich Begriffe, die Ihre potenziellen Kunden bei Google eingeben würden, wenn diese ein bestimmtes Produkt oder eine Dienstleistung suchen. Prüfen Sie dann, ob und auf welcher Suchergebnisseite bei Google der Nutzer Ihre Website finden würde. Wenn Ihr Unternehmen nicht auf Seite eins erscheint, brauchen Sie auch nicht weiterzusuchen – Ihre potenziellen Kunden werden es nämlich auch nicht tun.

Studien belegen, dass 95 Prozent der Internetnutzer bei der Suche nach Produkten nur die erste Suchergebnisseite bei Google nach Treffern durchsuchen. Dabei klicken fast 40 Prozent auf das erste organische Suchergebnis, auf das zweite dann nur noch etwa neun Prozent. Unter „organischen Suchergebnissen" versteht man alles, was von Google nicht als Anzeige markiert wird. Genauso wie Anzeigen in Printmedien weniger glaubwürdig wirken als Texte von der Redaktion, werden auch im Internet Anzeigen weniger häufig angeklickt als organische Suchergebnisse.

Um Top-Platzierungen bei Google zu erzielen, müssen Sie für das Thema Suchmaschinenoptimierung (der Fachbegriff lautet: Search Engine Optimization, SEO) eigene interne Ressourcen aufbauen oder externe Hilfe suchen. Aber Vorsicht: Genauso wie ich Ihnen bereits im ersten Kapitel ans Herz gelegt habe, dass Sie die Pressearbeit nicht komplett an eine Abteilung Ihres Unternehmens oder an eine Agentur delegieren sollten, so müssen Sie sich auch beim SEO-Thema in den entscheidenden Phasen selbst einschalten. Sie müssen ein Grundverständnis dafür entwickeln, wie die Google-Suchmaschine funktioniert und auf welche Stellschrauben es bei der Optimierung ankommt. Ansonsten werden Sie immer wieder an den Punkt gelangen, wo Sie sich bei Entscheidungen blindlings auf Ihre SEO-Experten verlassen müssen. Das kann gutgehen, muss es aber nicht – wie etwa folgendes Beispiel zeigt:

Versuchen vermeintliche Experten mit unseriösen Methoden, die Google-Suchergebnisseiten zu beeinflussen, dann kann der Schuss schnell nach hinten losgehen. Dann bekommt Ihr Unternehmen die Macht von Google mit aller Kraft zu spüren. Im besten Fall sieht die Bestrafung durch Google so aus, dass Sie mit Ihren Internetseiten im Ranking weit nach hinten abfallen, im schlimmsten Fall werden Sie komplett aus dem Google-Index gelöscht.

Das ist sogar renommierten Firmen wie BMW bereits passiert. 2006 hatte der Automobilbauer versucht,

Google auszutricksen, und war danach für einige Zeit über Google nicht mehr auffindbar.[1] Um solche Schäden zu reparieren, benötigen Sie Zeit und Energie – und damit letztlich wertvolle Ressourcen.

Wie ernst es Google mit der Einhaltung dieser Regeln ist, sehen Sie daran, dass Google sich Anfang Januar 2012 sogar selbst bestraft hat, weil es dagegen verstieß. Was war passiert? Google engagierte eine externe Agentur, um in der Blogger-Szene Links zum hauseigenen Browser zu generieren. Diese Agentur generierte jedoch unseriöse (bezahlte) Links von verschiedenen Blogs. Die Internet-Community merkte das aber und beschwerte sich bei Google, dass man sich nicht an die eigenen Regeln hielte. Anschließend wurde die Webpage von Googles eigenem Browser „Chrome“ für 60 Tage herabgestuft.[2]

Wenn Sie gegen die Google-Regeln verstoßen beziehungsweise mit unlauteren Methoden versucht haben, diese auszutricksen, dann müssen Sie sich tatsächlich in aller Form bei Google entschuldigen und versprechen, dass Sie künftig nicht mehr versuchen werden, die Suchmaschine mit solchen Methoden zu überlisten.

Sie können zwar die Suchergebnisse bei Google beeinflussen, doch wenn Sie hierbei bestimmte Regeln nicht beachten, dann hat das ernste Konsequenzen.

Sie erinnern sich an die oben zitierten Worte von Jeff Jarvis: „Wer in Google nicht auffindbar ist, der existiert nicht." Für Unternehmen wie Immobilienscout24 oder Zalando wäre es der finanzielle Ruin, bei Google in Ungnade zu fallen. Besser lässt sich die Macht von Google nicht beschreiben.

Dabei gilt: SEO ist kein Buch mit sieben Siegeln. Keine Sorge, Sie müssen sich nicht durch zahlreiche dicke Wälzer über SEO kämpfen. Das nötige Basiswissen ist in wenigen Absätzen zusammengefasst. Mit den Details und der operativen Umsetzung müssen sich ohnehin Ihre SEO-Mitarbeiter oder Ihre Agentur beschäftigen.

Zunächst ist es wichtig, zu verstehen, wie die Suche bei Google grundsätzlich funktioniert. Das ist vielen Managern nicht klar. Ich kann mich noch gut an ein Gespräch mit einem Kunden erinnern, der mich darauf aufmerksam machte, dass bei einer bestimmten Suchanfrage bei Google Informationen zu seinem Unternehmen auftauchten, die längst nicht mehr aktuell seien. Sein spontaner Vorschlag war, dass wir als seine Agentur doch mal bei Google anrufen könnten, damit die Inhalte herausgenommen oder geändert werden. So funktioniert das natürlich nicht.

Wie aber funktioniert Google? Der Suchmaschinenanbieter hat den Anspruch, seinen Nutzern bei der

Eingabe eines Suchbegriffs die relevantesten Internetseiten anzuzeigen. Dabei bewertet Google nicht in erster Linie, wie oft der Suchbegriff auf Ihrer Website vorkommt, sondern vor allem, wie viele und welche Websites mit Links auf Ihre Website verweisen. Das Ergebnis wird PageRank genannt, nach dem Google-Mitgründer Larry Page. Diese Bewertung geschieht natürlich nicht per Menschenhand, sondern mit einem Computerprogramm, das auf einem von Google entwickelten Algorithmus beruht. Google speichert im Prinzip den Inhalt des kompletten World Wide Web auf den Festplatten von weltweit etwa 6000 Computern. Wollte man diesen Inhalt ausdrucken, wäre der Papierstapel über 100 Kilometer hoch.

Obwohl der Google-Algorithmus ungefähr genauso gut gehütet und geheim ist wie das genaue Rezept für Coca-Cola und zudem noch fast täglich irgendwie verändert wird, ist die grundsätzliche Funktionsweise kein Geheimnis. Larry Page hat nämlich eine bekannte Vorgehensweise in der wissenschaftlichen Forschung einfach in die Welt des Internets übertragen: Veröffentlicht ein Wissenschaftler einen Aufsatz, den im Anschluss viele andere Wissenschaftler in ihren Publikationen zitieren, dann ist dieser Aufsatz bedeutsamer und genießt eine höhere Relevanz als ein anderer Aufsatz, der kaum Beachtung gefunden hat. Es kommt dabei natürlich nicht allein auf die Quantität, sondern auch auf die Qualität an. Zitiert ein Wissenschaftler mit hohem Renommee auf seinem Fachgebiet einen Aufsatz in seinem Werk, ist dies naturgemäß für dessen Reputation wertvoller als ein Verweis in einer Diplomarbeit.

Dabei richtet sich die Platzierung bei der Google-Suche keineswegs unbedingt nach der Aktualität der Einträge. Im Gegenteil: Websites, die es schon sehr lange gibt, wird häufig mehr Gewicht beigemessen als solchen, die erst kürzlich entstanden sind. Dies gilt besonders dann, wenn eine bereits vor vielen Jahren erstellte Website regelmäßig mit neuen Inhalten aktualisiert wird. Das ist auch der Grund, warum es durchaus nicht selten vorkommt, dass bei der Google-Suche Informationen über Sie oder Ihr Unternehmen ganz nach vorne gespült werden, die längst nicht mehr aktuell sind.

Es mag sein, dass die Inhalte heute gar nicht mehr stimmen – oder noch niemals gestimmt haben. „Löschen“ können Sie diese Inhalte allerdings nicht. Sie können sie jedoch durch eine gezielte Suchmaschinenoptimierung auf weniger prominente Plätze verdrängen, so dass diese bei der Suche dann nicht mehr auf der ersten, sondern beispielsweise erst auf der fünften Seite erscheinen, die nur von sehr wenigen Internetbenutzern beachtet wird.

Um Ihre Website oder andere Inhalte, von denen Sie das möchten, bei Google möglichst weit oben zu platzieren, muss es gelingen, dass viele externe Internetseiten mit guter Reputation einen Link auf Ihre Website setzen. Sie sollten daher aktiv Linkaufbau betreiben. Sie sollten sich regelmäßig von Ihren Mitarbeitern oder der Agentur einen Statusbericht darüber vorlegen lassen, von welchen Internetseiten welche Links auf Ihre Website verweisen und welche neuen Links generiert wurden. Sie können aber auch selbst einen Beitrag dazu leisten, indem Sie Geschäftspartner und Kunden, zu denen Sie einen guten Draht haben, um einen Link auf Ihre Website bitten. Vorsicht jedoch vor Agentur-Angeboten, die Ihnen Links verkaufen oder vermieten möchten! Das zählt zu den unseriösen Methoden beim Linkaufbau, die Google häufig auch erkennt und wie oben beschrieben sanktioniert. Sie sollten auch misstrauisch werden, wenn Ihnen eine Agentur verspricht, Ihre Website innerhalb weniger Wochen auf den ersten Seiten von Google zu platzieren. In der Regel sind je nach Suchbegriff eher Zeiträume von fünf bis zwölf Monaten realistisch – vorausgesetzt, es werden seriöse Methoden angewendet.

Sie können und sollen nicht in die Tiefen der Suchmaschinenprogrammierung einsteigen. Es gibt jedoch eine Phase, in der Sie als Manager intensiv mitwirken sollten, nämlich die Phase, in der die relevanten Suchbegriffe identifiziert werden, auf die in der Folge optimiert wird. Da es durchaus ein Jahr dauern kann, bis es gelingt, dass Ihre Website bei Google auf Seite eins zu einem bestimmten Suchbegriff erscheint, wäre es fatal, wenn Sie erst dann erkennen, dass der Suchbegriff für Ihre Zielgruppe möglicherweise wenig relevant ist.

Letztlich sind nur solche Begriffe sinnvoll, die von der definierten Zielgruppe auch tatsächlich gesucht werden. Es gibt Instrumente, mit denen gemessen werden kann, wie oft ein Suchbegriff bei Google eingegeben wird. Nicht messbar ist jedoch, wer danach sucht und ob es sich dabei wirklich um die Zielgruppe Ihres Unternehmens handelt. Wenn überhaupt, können das nur Sie einschätzen. Deshalb sollten Sie sich dafür die nötige Zeit nehmen.

Neben der Identifikation der richtigen Suchbegriffe ist für eine erfolgreiche Suchmaschinenoptimierung auch die Frage entscheidend, auf welcher Basis die Website programmiert wird. Meine Erfahrung ist, dass nicht alle Webdesign-Agenturen das SEO-Prinzip verstehen, obwohl sie sehr oft vorgeben, auch diesen Bereich abzudecken. Das Ergebnis kann dann eine Website sein, die zwar optisch ansprechend wirkt, aber für Google und andere Suchmaschinen nicht lesbar ist. Bei einem Kunden habe ich erlebt, dass seine Website-Agentur die

Internetpräsenz komplett auf Flash-Basis programmiert hatte. Dadurch war diese Website für Google jedoch wie ein schwarzes Loch. Eine solche Seite hat keine Chance, bei Google gute Platzierungen zu erfahren.

Wichtig ist auch die Wahl des richtigen Content-Management-Systems. Dadurch ist es möglich, dass Sie die Texte auf Ihrer Website stets ändern können, ohne ständig Ihre Agentur damit beauftragen zu müssen. Viele Agenturen bieten hier selbstgestrickte Systeme an. Davon rate ich ab. Wenn Sie auf ein System setzen, das nur die Agentur kennt und versteht, machen Sie sich von dieser Agentur abhängig. Wählen Sie daher sogenannte Open-Source-Systeme. Diese werden weltweit von Programmierern stetig verbessert. Es ist gar nicht möglich, dass eine einzelne Agentur im selben Tempo an der Verbesserung des eigenen Content-Management-Systems arbeitet.

Für das Thema Google gilt das, was in diesem Buch auch an anderer Stelle über Ihre Aufgabe als leitender Manager gesagt wurde: Sie müssen die Einzelheiten nicht verstehen und kein Experte für Suchmaschinenoptimierung werden. Sie können dieses zentrale Thema Ihrer Unternehmenskommunikation jedoch auch nicht einfach an Mitarbeiter oder externe Agenturen delegieren, sondern müssen ein Grundverständnis entwickeln und sich mit dieser Thematik befassen.

Über Google habe ich in diesem Buch stellvertretend für das Thema „Internet“ geschrieben, das jeden Monat mehr an Bedeutung für die Kommunikation gewinnt. Es gibt hierzu viele gute Bücher, und ich möchte Ihnen vor allem eines empfehlen: Lothar Rolke und Johanna Höhn haben bereits 2008 eine ausgezeichnete Studie über *Mediennutzung in der Webgesellschaft 2018* veröffentlicht. Sie zeigen hier, dass klassische Medien – wie etwa Tageszeitungen – zwar nach wie vor sehr wichtig sind, jedoch zunehmend an Bedeutung verlieren, während das Internet an Bedeutung gewinnt. In dieser Allgemeinheit klingt das vielleicht banal, aber Sie müssen sich als Manager, für den die Kommunikation eine besondere Bedeutung hat, die Frage stellen, welche Auswirkungen das für Ihr Unternehmen hat.

Es gibt hier eine Vielzahl von Themenkomplexen – so etwa die Nutzung von sozialen Netzwerken. Manche werden überschätzt, andere unterschätzt. Viele Manager haben das eher diffuse Gefühl, „irgendwie“ müssten Sie sich stärker als bisher mit den Auswirkungen der Web-Revolution befassen, aber sie wissen nicht so recht, wo sie beginnen sollen. Deshalb habe ich dieses Kapitel über Google geschrieben, denn in unserer Erfahrung als Positionierungs-Berater haben wir immer wieder gemerkt, dass, bevor man sich mit anderen Themen befasst, alles damit beginnen sollte, Google zu verstehen und mit Google umgehen zu lernen.

- Googeln Sie regelmäßig Ihren Namen, um zu sehen, mit welchen Inhalten potenzielle Kunden und Geschäftspartner im Internet konfrontiert werden.
- Analysieren Sie, ob Ihr Unternehmen und Ihre Produkte beziehungsweise Dienstleistungen zu relevanten Suchbegriffen bei Google auf der ersten Suchergebnisseite auftauchen.
- Nehmen Sie sich für das Thema Suchmaschinenoptimierung (SEO) Zeit und delegieren Sie es nicht komplett an eine interne Abteilung oder eine externe Agentur.
- Die wirkungsvollste SEO-Maßnahme ist der Linkaufbau. Bitten Sie selbst Ihre Kontakte um Links und kontrollieren Sie regelmäßig, welche Links durch Ihre Mitarbeiter oder Ihre Agentur aktiv erzeugt werden.
- Schalten Sie sich aktiv in die Identifizierung geeigneter Suchbegriffe ein, auf die in der Folge optimiert werden soll.
- Bevor Sie eine PR-Agentur engagieren, prüfen Sie bitte, ob diese jenseits der klassischen Presse- und Öffentlichkeitsarbeit auch beim Thema „Suchmaschinenoptimierung“ kompetent ist.

9

Präsentieren Sie wirkungsvoller

„Präsentationen sind heute das Tool der Wahl, wenn es um geschäftliche Kommunikation geht", so die renommierte Kommunikationsexpertin Nancy Duarte. „Die Qualität von Präsentationen ist mit ausschlaggebend dafür, ob Firmen gegründet, Produkte herausgebracht oder Klimasysteme gerettet werden. Umgekehrt kann ineffektive Kommunikation Ideen, Mühen, ja sogar Karrieren zu Fall bringen. Von den Millionen Präsentationen, die Tag für Tag gehalten werden, ist nur ein verschwindend geringer Prozentsatz gut."[1]

Ich habe in den vergangenen zehn Jahren über tausend Vorträge von Geschäftsführern und Vorständen gehört, weil ich Initiator und Moderator von Kongressen und Seminaren bin, bei denen – neben Vertretern von Ministerien und Beratern – überwiegend Manager Vorträge halten. Ich selbst habe viel bei diesen Vorträgen gelernt, habe aber auch viele Vorträge gehört, bei denen es eine deutliche Diskrepanz zwischen dem interessanten Thema und der wenig professionellen Vortragsweise gab.

Bevor es Powerpoint-Präsentationen gab, hatten manche weniger talentierte Vortragende die Angewohnheit, Redemanuskripte mehr oder minder vorzulesen. Heute werden dagegen nicht selten die Texte von Powerpoint-Präsentationen mehr oder minder abgelesen. Für die Teilnehmer ist das sehr ermüdend, denn die Sache läuft so ab: Da wird eine Folie an die Wand gebeamt, die Teilnehmer erfassen meist in wenigen Sekunden den Inhalt und lesen den Text, um ihn dann noch ein zweites Mal vom Referenten vorgelesen zu bekommen. 84 Prozent aller Präsentationen werden denn auch laut Umfragen als einschläfernd empfunden – kein Wunder.

Schon der Beginn eines Vortrages ist nicht selten ermüdend. Statt – wie bei einem guten Krimi oder einem guten Zeitungsartikel – direkt in das Thema einzusteigen und sich einen spannenden Anfang zu überlegen, halten es viele Vortragende für unverzichtbar, sich zunächst einmal ausführlich und höflich beim Veranstalter für die Ehre zu bedanken, „hier sprechen zu dürfen", dem Vorredner oder dem Moderator ganz, ganz herzlichen Dank für die nette Begrüßung auszusprechen, um sodann eine eingehende Vortragsgliederung an die Wand zu projizieren, die an das Inhaltsverzeichnis einer Diplomarbeit erinnert und die den Sinn haben soll, dem Publikum anzukündigen, worüber der Redner in der nächsten halben Stunde alles reden will (machen Sie das auch bei Ihren persönlichen Gesprächen so?), um damit garantiert jede Überraschung auszuschließen und jeden Spannungsbogen zu vermeiden.

Sind damit dann die ersten fünf bis zehn Minuten verbracht, verschwendet er die nächsten kostbaren zehn Minuten seiner Rede damit, in seiner „Einleitung" noch einmal ganz viele Tatsachen zu wiederholen, die garantiert 95 Prozent der Zuhörer schon vorher bekannt waren. Sieht so ein fesselnder Einstieg in einen Vortrag aus? Besser ist es, Sie steigen direkt mit einer interessanten Geschichte oder einer provokanten These ein, mit der Sie die Aufmerksamkeit Ihrer Zuhörer gewinnen.

Viele Manager beherrschen selbst elementare Regeln für einen Vortrag nicht: Obwohl sie eigentlich einen Laptop direkt vor sich haben, auf dem sie den Inhalt dessen sehen, was sie an die Wand projizieren, trauen sie diesem anscheinend nicht so recht, sondern drehen sich halb (oder sogar ganz) mit dem Rücken zum Publikum, um das (vor)zulesen, was alle anderen an der Wand oder in den Vortragsunterlagen bereits wenige Sekunden zuvor gelesen haben. Der Ablauf des

Vortrages erfolgt entsprechend dem Schema: „Ihr lest zuerst alle leise, und dann lese ich noch mal laut vor."

Die „Lebendigkeit" eines Vortrages beschränkt sich manchmal darauf, dass der Vortragende vor dem Publikum eine Stunde lang rast- und ziellos „hin und her tigert". Und leider modulieren viele Vortragende ihre Stimme so wenig, dass schon der gleichbleibende Ton dafür sorgt, die Zuhörer einzuschläfern.

Viele Vortragende trauen sich nicht, Emotionen zu zeigen. Warum eigentlich nicht? Weil derjenige Redner, der etwas von seiner Persönlichkeit preisgibt, natürlich eher angreifbar ist und möglicherweise auch polarisiert. Hinter der langweiligen, stereotypen Vortragsweise verbirgt sich also nicht selten die Angst vor Ablehnung. Herausragende Redner – wie es etwa Steve Jobs war – zeigen dagegen ihre Emotionen und haben so viel Selbstvertrauen, dass es sie nicht stört, wenn es auch Zuhörer gibt, die sie ablehnen.

Haben Sie nicht auch schon zu oft Vorträge gehört, bei denen Sie lieber heimlich unter dem Tisch mit Ihrem BlackBerry kommuniziert haben, weil der Referent viel zu wenig Neues und Interessantes präsentierte, und bei denen Sie sich innerlich sagten: „Bitte komm doch mal schneller auf den Punkt!"? Und haben Sie sich nicht selbst auch schon hie und da bei einer der eben beschriebenen „Vortragstechniken" ertappt?

Reden vor einem größeren Publikum zu halten, ob nun auf Kongressen, vor Mitarbeitern oder bei anderen Gelegenheiten, gehört zu den wichtigen Aufgaben eines Managers. Sie sollten es deshalb nicht dem Zufall überlassen, ob Ihr Vortrag ein Erfolg wird oder nicht.

Das erste und wichtigste Erfolgsgeheimnis liegt darin, zu erkunden, wer überhaupt Ihre Zuhörer sind, was sie schon wissen und was nicht – und was sie genau von Ihnen erwarten. Das klingt banal, aber ich habe sehr oft erlebt, dass sich der Vortragende darüber nicht im Klaren ist. Einmal habe ich es sogar erlebt, dass ein Fondsinitiator glaubte, im Saal befänden sich überwiegend Vertriebsleute, und diese mit einer mitreißenden Rede noch mal zum Jahresende anspornen wollte, wobei er natürlich nicht vergaß, auf die lukrativen Provisionen hinzuweisen, die beim erfolgreichen Vertrieb des Produktes winkten. Tatsächlich saßen in dem Saal nur ganz wenige Vertriebsleute, die Mehrheit waren (potenzielle) Anleger, denen das Produkt verkauft werden sollte! Obwohl das schon 15 Jahre her ist, kann ich mich an die peinliche Situation noch gut erinnern.

Sie müssen also Ihre Zuhörer „abholen". Diese kommen nicht, um Altbekanntes noch einmal zu hören, sondern sie erwarten sich in der Regel einen ganz konkreten Nutzwert von Ihrem Vortrag. Und gerne wollen sie gleichzeitig auch unterhalten werden.

Sich darüber Gedanken zu machen, was Ihr Publikum wirklich interessiert und was Sie an Mehrwert bieten können, ist sehr viel wichtiger, als sich zu überlegen, wie Sie mit den richtigen Handbewegungen Ihre Aussagen wirkungsvoll unterstreichen sollen. Was ich im zweiten Kapitel des Buches gesagt habe, dass nämlich die Kernbotschaft entscheidend bei jeder Art der Kommunikation ist, gilt natürlich auch und gerade für einen Vortrag. Überfrachten Sie ihn nicht mit zu vielen Gedanken und entwickeln Sie vielmehr eine klare und pointierte These.

Ein weiterer Fehler vieler Redner ist es, die Zeit für den Vortrag nicht richtig einzuplanen. Oft erlebe ich es, dass die vorgegebene Vortragszeit 45 Minuten beträgt und der Vortragende über 60 Folien mitbringt, die teilweise mit dichtem Text beschrieben sind. Nach 30 Minuten hat er davon vielleicht 15 vorgetragen und merkt dann, dass es sehr schwierig wird, die restlichen 45 in den noch zur Verfügung stehenden 15 Minuten „abzuarbeiten".

Er spricht immer schneller, es kommt eine unnötige Hektik in den Vortrag, die Vortragszeit wird überschritten. Der Moderator greift ein und bittet darum, der Redner möge bald zum Ende kommen usw. All dies lässt sich vermeiden, wenn vorher die Vortragszeit realistisch geplant wird.

Ihre Folien sollten übrigens möglichst wenig Text enthalten. Wenn Sie diejenigen Sätze aufschreiben, die Sie ziemlich genau auch so sagen, dann ist das ermüdend. Viele Redner tun das, weil sie damit eine Erinnerungsstütze für das haben, was sie sagen wollen. Wenn Sie eine solche Erinnerungsstütze brauchen, sollten Sie jedoch mit „verstecktem Text" arbeiten, den nur Sie auf Ihrem Bildschirm sehen, die Zuhörer jedoch nicht.

Sinnvoll sind Grafiken und Schaubilder, die jedoch so einfach sein müssen, dass der Zuschauer mit einem einzigen Blick deren Aussage erfasst, ohne sich erst „hineindenken" zu müssen. Lebendiger wird ein Vortrag durch Fotos oder Filmausschnitte. Überraschen Sie Ihre Zuhörer mit ungewöhnlichen oder lustigen, kurzen Filmsequenzen, statt sie mit dichten Texten zu ermüden.

Und lockern Sie den Vortrag auf, indem Sie Geschichten erzählen! Wenn diese Geschichten auch noch lustig sind – umso besser. Die Zuhörer werden sich positiv an einen Vortrag erinnern, bei dem sie nicht nur etwas gelernt haben, sondern auch unterhalten wurden.

Zu schnelles Sprechen ist neben zu geringer Modulation der Stimme ein häufiger Fehler vieler ungeübter Referenten. Wie oft haben Sie es erlebt, dass Sie das Gefühl hatten, ein Redner spreche viel zu langsam?

Das passiert sehr viel seltener, als dass ein Redner zu schnell spricht. Machen Sie Pausen zwischen den Sätzen – damit erhöhen Sie die Wirkung dessen, was Sie sagen. Und lächeln Sie! Ja, lächeln Sie! Das wirkt sympathisch und stellt einen guten Kontakt zu Ihrem Publikum her.

Und was ist mit der Körpersprache, deren Wichtigkeit so häufig betont wird? Ich glaube nicht, dass es Sie weiterbringt, wenn Sie sich intensiv mit Körpersprache befassen. Nicht, weil dieser Aspekt unwichtig wäre. Im Gegenteil! Aber Sie werden mit Ihrer Gestik und Mimik ohnehin – ob Sie dies nun wollen oder nicht – Ihre innere Haltung und Befindlichkeit ausdrücken. „Mit schematisch einstudierten Gesten wird keine Glaubwürdigkeit erreicht. Denn Körperausdruck in diesem Sinne lässt sich nicht trainieren ... Wer sicher in der Rolle ist, wirkt auch in Haltung und Gestik souverän."[2]

Nichts ist schlimmer als ein Redner, bei dem man den Eindruck hat, dass er mit seinen Händen Gesten vorführt, die er gerade in einem Rhetorikseminar gelernt hat. Andererseits ist es schon hilfreich, wenn Sie sich häufiger mal selbst auf einem Video betrachten, um beispielsweise störende Angewohnheiten zu erkennen und abzustellen.

Und wie sollten Sie Ihren Vortrag beenden? Viele Präsentationen enden so abrupt, dass die Zuhörer einen Moment brauchen, um zu verstehen, dass der Vortrag zu Ende ist. Sie brauchen keine Power-Point-Folie „Ich bedanke mich für Ihre Aufmerksamkeit", und Sie können sich auch abgedroschene Phrasen wie „Für Ihre Fragen stehen ich selbstverständlich noch gerne zur Verfügung" sparen.

Wenn Sie mit dem Publikum diskutieren wollen, laden Sie Ihre Zuhörer dazu ein. Vielleicht hat gar niemand eine „Frage", sondern einfach eine andere Meinung. Wenn ich selbst einen Vortrag halte, dann sage ich am Schluss manchmal: „Sicher hat der eine oder andere von Ihnen gute Argumente gegen die These, die ich vorgetragen habe. Ich würde mich ganz besonders freuen, wenn sich jemand meldet und Gegenargumente nennt, die gegen diese These sprechen, denn ich bin immer neugierig darauf, meine Argumente auf den Prüfstand zu stellen, und diskutiere sehr gerne." Das ist jedenfalls nicht so abgedroschen wie „Für Ihre Fragen stehe ich selbstverständlich gerne zur Verfügung".

Wenn Sie bei großen Veranstaltungen auftreten, bitten Sie den Veranstalter danach um ein ehrliches und vor allem um ein kritisches Feedback. Ich selbst als Veranstalter habe immer großen Respekt vor Referenten, die mich nach ihrem Vortrag ausdrücklich um Verbesserungsvorschläge bitten.

Leider haben viele Manager in ihrem täglichen Geschäft zu wenig Gelegenheit, ein ehrliches, kritisches Feedback zu ihren Vorträgen einzuholen. Oder wie oft hat Ihnen einer Ihrer Mitarbeiter gesagt: „Lieber Chef, Ihr Vortrag heute war ziemlich daneben. Ich bin fast eingeschlafen, und die meisten anderen übrigens auch. Ich glaube, Sie sollten sich dringend mal einen Rhetorik-Trainer nehmen"?

Wirkungsvoll und interessant vor vielen Menschen zu sprechen ist eine Kunst, die man lernen kann. Allein durch häufige Vorträge lernen Sie dies nicht, denn Sie können sich Falsches genauso gut angewöhnen wie Richtiges. Gerade gute Redner, die Talent mitbringen, suchen kritisches Feedback, nehmen sich einen Trainer, um sich zu verbessern. Ich persönlich habe übrigens sehr viel bessere Erfahrung mit Trainern gemacht als mit Rhetorikkursen. Als Manager profitieren Sie mehr, wenn jemand ausführlich und kritisch auf Sie eingeht. Die Korrektur der Fehler von anderen Kursteilnehmern, die zum Teil ganz andere Schwächen haben als Sie, bringt Ihnen weniger Nutzen als das individuelle Feedback auf Ihren persönlichen Vortragsstil.

- Setzen Sie sich vor dem Vortrag genau damit auseinander, wer Ihre Zuhörer sind, was Sie an Wissen voraussetzen können und was die Zuhörer von Ihnen erwarten.
- Formulieren Sie eine einfache Kernbotschaft, die sich jeder Zuhörer merken kann. Haben Sie keine Angst davor, diese Botschaft – natürlich in verschiedenen Variationen – zu wiederholen.
- Sparen Sie sich lange Vorreden, suchen Sie nach einem ungewöhnlichen Einstieg für Ihren Vortrag, der Ihr Publikum fesselt.
- Lesen Sie keine Sätze von Power-Point-Folien ab, verwenden Sie nur Grafiken, die jeder sofort versteht, lockern Sie Ihren Vortrag durch Geschichten und durch Filmsequenzen auf.
- Sprechen Sie nicht zu schnell, modulieren Sie Ihre Stimme und lächeln Sie.
- Bitten Sie Zuhörer, Veranstalter und Moderator um Verbesserungsvorschläge und nehmen Sie sich einen professionellen Trainer.

10

Ziehen Sie die richtigen Leute an

Zu Beginn dieses Buches habe ich führende Marketingexperten zitiert, die der Meinung sind, mindestens 50 Prozent der Tätigkeit eines CEO solle für die PR-Arbeit verwandt werden. Vielleicht ist das etwas zu hoch gegriffen, aber die meisten Leser dieses Buches sind ohnehin bestimmt so weit von dieser Marke entfernt, dass sie sich nicht den Kopf darüber zerbrechen müssen, ob sie vielleicht zu viel Zeit für die Kommunikation verwenden.

Neben der Außenkommunikation und der Positionierung ist es die zentrale Aufgabe eines Managers, die richtigen Führungskräfte und Mitarbeiter für ihr Projekt anzuziehen. Unternehmen wie Microsoft oder Apple waren und sind vor allem deshalb erfolgreich, weil Unternehmer wie Bill Gates und Steve Jobs es verstanden hatten, die richtigen Leute anzuheuern – und weil sie dabei extrem wählerisch waren. Microsoft ist erfolgreich geworden, weil Bill Gates und Steve Ballmer selbst noch im Jahr 1983, als die Firma bereits 450

Angestellte (davon über 100 Programmierer) beschäftigte, jeden einzelnen Programmierer persönlich aussuchten.[1]

Ebenso, wie es falsch ist, die Öffentlichkeitsarbeit vollständig an Pressesprecher oder externe Agenturen zu delegieren, ist es auch ein unverzeihlicher Fehler, die Mitarbeiterauswahl ausschließlich an Ihre Personalabteilung (heute neudeutsch als Human-Ressources- beziehungsweise einfach HR-Abteilung bezeichnet) zu delegieren. Vielleicht können die Ihnen helfen. Aber die entscheidenden Impulse bei der Auswahl der Mitarbeiter müssen von Ihnen ausgehen.

Denn am Ende entscheidet über Erfolg oder Misserfolg Ihrer Firma vor allem die Frage, ob Sie die richtigen oder die falschen Leute an Bord haben. Deshalb ist es eine zentrale Aufgabe der Außenkommunikation, die richtigen Leute anzuziehen und die falschen am besten schon im Vorfeld davon abzuschrecken, sich bei Ihnen zu bewerben.

Dies beginnt bereits bei der Stellenausschreibung. Mindestens 90 Prozent der Stellenanzeigen sind nicht dazu geeignet, die richtigen Leute von denen zu differenzieren, die Sie nicht gebrauchen können. Deshalb meine Bitte: Überlassen Sie es nicht Ihren HR-Leuten, die Stellenangebote zu formulieren. Machen Sie sofort nach der Lektüre dieses Kapitels einen Termin mit Ihren „Personalern" und geben Sie als Chef die Vorgabe, mit welchen Botschaften künftig Mitarbeiter gesucht werden sollen.

In der Außenkommunikation – und die Stellenanzeigen sind ein wichtiger Teil davon – kommt es darauf an, unmissverständliche Botschaften auszusenden, die dazu führen, dass sich möglichst genau diejenigen Menschen angesprochen fühlen, die Sie für Ihr Team brauchen. Und dass Sie diejenigen abschrecken, die Sie gar nicht haben wollen. Eine Anzeige, von der sich jeder angesprochen fühlt, ist deshalb sinnlos.

Stellenanzeigen wimmeln jedoch von Allgemeinplätzen, die genau diese Differenzierungsfunktion nicht erfüllen. Hier einige Beispiele für das, was in Stellenanzeigen verlangt wird:

- „Freude am Umgang mit Menschen."
- „Sie verstehen sich als Teamplayer, nehmen gern neues Wissen auf und geben dieses auch an Ihre Kollegen weiter."
- „Sicheres Auftreten."
- „Gute und zeitgemäße Umgangsformen."
- „Schnelle Auffassungsgabe."
- „Bereitschaft, Neues zu lernen."
- „Hohes Maß an Qualitätsbewusstsein."
- „Freundliches, gepflegtes, souveränes Auftreten."

- „Umsicht und Gewissenhaftigkeit."
- „Service-Orientierung, Multitasking-Fähigkeit."
- „Get-it-done-Mentalität."
- „Sympathisches Auftreten."

So differenzieren Sie nicht bei der Bewerbersuche. Denn es gibt wohl kaum jemanden, der von sich selbst glaubt, er habe eine langsame Auffassungsgabe, ein unsympathisches oder unsouveränes Auftreten und schlechte Umgangsformen. Deshalb ist es ganz sinnlos, nach hehren Tugenden und sozial erwünschten Eigenschaften in Stellenanzeigen zu fragen.

Sagen Sie beispielsweise lieber, dass sich Leute ohne Prädikatsexamen gar nicht zu bewerben brauchen oder dass Sie ehemalige Leistungssportler besonders herzlich begrüßen, oder dass verhandlungssicheres Englisch eine Grundvoraussetzung für die Einstellung ist. Dann werden sich zwar dennoch auch solche Personen bewerben, die diese Kriterien nicht erfüllen, aber Sie haben immerhin schon eine Reihe ungeeigneter Kandidaten „abgeschreckt".

Haben Sie auch bei der Personalsuche den Mut, sich klar zu positionieren – und von anderen Unternehmen zu unterscheiden. Positionierung bedeutet immer, dass man manche Menschen anzieht und andere mit seinen Botschaften abstößt. Wer allen gefallen will, hat nicht nur Probleme, Kunden zu finden, sondern wird auch nicht diejenigen Mitarbeiter anziehen, die das Unternehmen vorwärtsbringen werden.

Eine Firma, die nur damit neue Mitarbeiter gewinnt, dass sie sich bei den Bewerbern anbiedert und versucht, mit höheren Sozialleistungen, besserer betrieblicher Altersvorsorge und großzügig subventioniertem Kantinenessen zu punkten, ist für wirklich ehrgeizige Menschen weniger attraktiv als eine Firma, die dafür bekannt ist, dass es schwer ist, angenommen zu werden, und dass man in dem Job hart gefordert wird. Welche Botschaften senden Sie in Ihrer Kommunikation aus?

Auch in den Bewerbungsgesprächen wird häufig nicht klar genug kommuniziert. Es genügt nicht, wenn Sie im Bewerbungsgespräch mitteilen, dass es in Ihrer Firma nicht angehe, so wie im öffentlichen Dienst pünktlich um 17 Uhr „den Griffel fallen zu lassen". Da wird jeder Bewerber – fleißige wie faule – zustimmend nicken: „Kein Problem." Wir vermitteln in unserer Firma schon im ersten Gespräch andere Botschaften: „Freizeit findet künftig für Sie überwiegend am Wochenende statt. Die Woche wird von der Arbeit bestimmt. Und wir arbeiten so lange, bis die Arbeit getan ist. Wenn Sie eher freizeitorientiert sind, dann sollten Sie besser nicht bei uns anfangen. Und wegen dem hohen Stress haben leider schon viele gekündigt." Eine zu harte Botschaft? Jedenfalls schreckt eine solche Botschaft faule Menschen eher ab als Allgemeinplätze über „Engagement" und „Einsatzbereitschaft".

Ich habe als Unternehmer recht gute Erfahrungen damit gemacht, Leute mit Einser-Abitur, Prädikatsexamen, Promotion und ehemalige Leistungssportler einzustellen. Die Wahrscheinlichkeit, dass es sich dabei um ausgesprochen faule und wenig intelligente Menschen handelt, ist nicht sehr hoch – was natürlich im Umkehrschluss keineswegs heißen muss, dass Bewerber, auf die all dies nicht zutrifft, nicht auch gut geeignet sein können.

Bevor wir jemanden in unserer Firma einstellen, muss er zunächst einen ganzen Tag einen sogenannten „ersten Test" absolvieren, bei dem etwa 70 Prozent durchfallen. Hat er diesen Test bestanden, dann muss er sich – noch bevor er bei uns anfängt – etwa drei bis vier Wochen in ein für ihn völlig neues und sehr komplexes Thema einarbeiten – und dann in einem „zweiten Test" beweisen, dass er dazu in der Lage war und das verstanden hat. Diesen zweiten Test muss er mit Note 1 oder Note 2 bestehen.

Sie meinen, ein so hartes Auswahlverfahren würden viele Bewerber gar nicht mitmachen? Ja, so ist das. Und genau damit erreichen wir, dass wir Mitarbeiter bekommen, die den Job wirklich haben wollen, die wirklich engagiert sind und die stolz sind, es geschafft zu haben, die Spaß daran haben, Herausforderungen zu überwinden.

Ähnlich machen das auch andere erfolgreiche Firmen. In den Bewerbungsgesprächen bei Microsoft stellten Bill Gates und Steve Ballmer den Kandidaten extrem schwierige Fragen, die mit dem Programmieren oftmals gar nichts zu tun hatten. Ein ehemaliger Programmierer von Microsoft berichtete: „Eine Menge intelligenter Leute versagen bei den Microsoft-Vorstellungsgesprächen, weil sie unter Druck nicht denken können." Ein anderer berichtet: „Wir haben die Leute fertiggemacht. Wir stellten ihnen sehr schwierige technische Fragen, gaben ihnen Stift und Papier und sagten: ‚Lösen Sie das Problem.' Auf diese Weise sind uns wahrscheinlich einige Leute entgangen, aber die, die wir einstellten, waren in der Lage, sehr schwierige Probleme unter Druck zu lösen."[2]

Sie müssen Phantasie entwickeln, wie Sie an neue Mitarbeiter kommen. In einer Zeit, in der der Fachkräftemängel ein immer ernsteres Thema wird, genügt es längst nicht mehr, sich auf traditionelle Methoden wie die Anzeigenschaltung zu verlassen. Und wenn Sie neue Mitarbeiter gewonnen haben, ist es entscheidend, dass Sie die Aus- und Weiterbildung in Ihrem Unternehmen sehr ernst nehmen, denn am Ende gewinnt im Wettbewerb heute nicht derjenige, der die besseren Maschinen hat, sondern derjenige, der das beste Team zusammengestellt hat.

Jack Welch, ehemaliger CEO von General Electric und als „bester Manager der Welt" bekannt, betont in seiner Autobiographie immer wieder, wie entscheidend die Personalauswahl für einen Manager ist. Er erkannte schon früh, „dass mein Erfolg weitgehend von den Mitarbeitern abhängen würde, mit denen ich mich umgab".[4] „Tatsächlich dreht sich bei General Electric alles darum, herausragende Mitarbeiter zu finden und aufzubauen. Es ist unerheblich, woher die Leute kommen. Ich neige in vielen Dingen zur Übertreibung, doch nirgendwo bin ich leidenschaftlicher als in meinem Bemühen, die Mitarbeiter zur Kernkompetenz von General Electric zu machen."[4]

Welch machte sich mit seinen Managementgrundsätzen keineswegs nur Freunde, sondern auch viele Gegner, was ihn jedoch nicht störte. Im Gegenteil. Er liebte diese Positionierung. Er kommunizierte klare Botschaften wie etwa: „Siegerteams entstehen durch die differenzierte Behandlung der Teammitglieder – die Besten werden belohnt, die Schlechtesten aussortiert, und die Latte für das gesamte Team wird immer höher gelegt."[5] Glauben Sie nicht auch, dass solche Botschaften ehrgeizige Menschen eher anziehen als ein Unternehmen, das all seine sozialen Extra-Leistungen für die Mitarbeiter herausstellt?

Ist es einfach, neue Mitarbeiter zu bekommen, wenn man so deutlich kommuniziert und so harte Auswahlverfahren hat? Natürlich nicht. Aber das ist zugleich auch eine sehr gute Nachricht. Denn wenn es einfach wäre, könnte es ja jeder tun. Und morgen könnte jemand eine konkurrierende Firma aufmachen, die Ihnen ernste Probleme bereitet. Trösten Sie sich also damit, dass es durchaus etwas Gutes hat, wenn es so schwierig ist, die besten Leute anzuziehen. Tatsächlich ist das die schwerste, aber auch die wichtigste Aufgabe für eine Führungskraft, denn die Intelligenz, Kreativität und der Fleiß Ihrer Mitarbeiter entscheiden über Erfolg oder Misserfolg Ihrer Firma. Manager, die nicht verstehen, dass es eine ihrer wichtigsten Aufgaben ist, durch die Kommunikation präziser Botschaften die richtigen Leute anzuziehen, werden es schwer haben, ein gutes Team zusammenzustellen.

- Die Auswahl der richtigen Leute ist eine Ihrer wichtigsten Aufgabe als Chef – überlassen Sie das auf keinen Fall allein Ihrer Personalabteilung.
- Weisen Sie Ihre „Personaler“ an, alle nichtssagenden Worthülsen aus den Stellenanzeigen zu streichen und stattdessen harte, differenzierende Kriterien zu kommunizieren.
- Sie müssen die richtigen Leute durch eine entsprechende Kommunikation anziehen, aber ebenso wichtig ist es, die falschen abzuschrecken.
- Machen Sie es, wie es Jack Welch bei General Electric getan hat: Kommunizieren Sie klare und harte Botschaften, mit denen Sie Ihr Unternehmen so positionieren, dass die zu Ihrem Unternehmen passenden Menschen angezogen werden.
- Bill Gates und Steve Ballmer führten mit jedem der 100 Programmierer persönliche Bewerbungsgespräche und stellten sie dabei auf eine harte Probe – machen Sie es ebenso!
- Dass es schwierig ist, die richtigen Leute zu finden, ist eine gute und keine schlechte Nachricht. Denn sonst könnte ja jeder ganz einfach ein Unternehmen aufmachen, das Ihnen Konkurrenz macht.

Was nun?

Eigentlich ist es ganz einfach: Die richtige Positionierung Ihres Unternehmens und Ihrer Produkte entscheidet über Erfolg oder Misserfolg Ihres Unternehmens. Und das wichtigste Instrument der Positionierung ist die Kommunikation, bei der wiederum der PR eine entscheidende Rolle zukommt. Sie haben in diesem Buch gesehen, dass Sie die Öffentlichkeitsarbeit nicht einfach an andere delegieren können, sondern diesem Thema selbst viel Aufmerksamkeit und Zeit widmen müssen. Auf der anderen Seite ist klar, dass Sie die mit der Kommunikation verbundenen Aufgaben ebenso wenig allein lösen werden, wie dies auch bei anderen wichtigen Aufgaben der Fall ist.

Wenn also die Kommunikation einer der wichtigsten Faktoren für Erfolg oder Misserfolg eines Unternehmens ist: Wie finden Sie dann das richtige Team und die richtigen Berater, die Sie bei der Kommunikation unterstützen? Hierzu möchte ich Ihnen zum Schluss sieben Tipps geben:

Erstens: Sie haben dieses Buch gelesen. Offenbar nehmen Sie „Kommunikation" ernst. Damit ist das

Wichtigste schon erreicht. Denn wer die Herausforderungen der „Kommunikation“ nicht ernst nimmt und sie nicht wirklich versteht, wird auch nicht die richtigen internen und externen Kommunikationsberater finden. Zu oft habe ich erlebt, dass Unternehmen Mitarbeiter für den PR-Bereich eingestellt haben, die für diesen Job ungeeignet waren. So glauben beispielsweise viele Manager, es sei eine gute Idee, ehemalige Journalisten als PR-Berater zu engagieren. Es liegt ja nahe: Journalisten können – in der Regel – gut schreiben, sie kennen die Medien und haben „Beziehungen“ zu anderen Journalisten. Aber deshalb sind sie noch keine Experten für PR und können Kommunikationsstrategien für ein Unternehmen entwickeln. Ein guter Journalist muss kritisch sein und gut recherchieren können, er muss jedoch keineswegs ein guter Berater und Dienstleister sein. Manchen ehemaligen Journalisten gelingt der „Rollentausch“, vielen gelingt er jedoch nicht.

Zweitens: Presse- und Öffentlichkeitsarbeit erfordern mehr Talente, als ein einzelner Mitarbeiter hat, vielleicht auch haben kann. Obwohl ich für meine Firma seit fast zwölf Jahren ständig nach solchen Leuten suche, habe ich das Allround-Talent selten gefunden. Ich habe ein hervorragendes Team von

Mitarbeitern, aber keiner kann alles, zumindest nicht alles gleich gut. Deshalb werden unsere Kunden von Teams betreut. In ihnen arbeiten Menschen mit sehr unterschiedlichen Qualifikationen. Einige können anschaulich und packend schreiben. Sie liefern als Ghostwriter Gastbeiträge für Zeitungen oder Fachaufsätze und verfassen Texte für Bücher, Broschüren, Blogs, Internetauftritte. Andere können gut kommunizieren, organisieren und kreative Ideen für die Pressearbeit entwickeln. Weil Kommunikation derart unterschiedliche Talente voraussetzt, werden Sie keinen Mitarbeiter finden, der gleichzeitig über alle Fähigkeiten verfügt. Und Sie sollten deshalb auch keine Ein-Mann-Agentur engagieren oder sich darauf einlassen, dass Sie nur von einem einzelnen Mitarbeiter einer Agentur betreut werden. Die Wahrscheinlichkeit ist gering, dass ein einzelner Mitarbeiter all die unterschiedlichen Fähigkeiten mitbringt, die für eine Kommunikationsberatung und -betreuung notwendig sind. Wenn Ihr Unternehmen nicht groß genug ist, ein Team von Kommunikationsprofis einzustellen, dann übertragen Sie diese Aufgaben entweder einer externen Agentur oder stellen einem internen Mitarbeiter eine Agentur zur Seite. Die wesentlichen Aufgaben in der Kommunikation müssen ohnehin

Sie selbst als Vorstand oder Geschäftsführer übernehmen – Pressesprecher und PR-Berater können und sollen Sie dabei nur unterstützen.

Drittens: Interne und externe Kommunikationsberater sollten für Sie Sparringspartner, Ideenlieferanten, Medienfachleute und Texter sein. Sparringspartner brauchen Sie, damit sie Ihnen „Kontra" geben (was übrigens externen Beratern manchmal leichter fällt als Angestellten Ihrer Firma). PR-Berater kennen viele Firmen. Sie haben dabei viele sehr unterschiedliche Erfahrungen gesammelt. Deshalb können sie als Ideenlieferanten neue Gedanken zur Positionierung Ihres Unternehmens entwickeln. Sie wissen auch aus der Beratung anderer Firmen, was (etwa bei der Krisenkommunikation) funktioniert und was nicht. Medienexperten helfen Ihnen, weil sie die für Ihr Unternehmen wichtigen Medien kennen und den Weg zu den maßgebenden und einflussreichen Journalisten öffnen und ebnen. Texter schließlich sind wichtig, wenn es darum geht, Fachaufsätze, Gastbeiträge oder sogar ganze Bücher für Sie zu verfassen.

Viertens: Eine Agentur sollten Sie nicht schon deshalb engagieren, weil Sie ein eloquenter Agenturchef in einem „Akquise"-Gespräch beeindruckt. Viel wichtiger ist, dass Sie Referenzen von bestehenden, langjährigen Kunden der Agentur einholen und vor allem auch das Team kennenlernen, das Ihr Unternehmen später tatsächlich betreuen wird. Was nützt es Ihnen, wenn an der Spitze einer Agentur ein wortgewandter Chef steht, Sie später dann aber mit Betreuern zu tun haben, die das nicht halten können, was er Ihnen versprochen hat?

Fünftens: Achten Sie darauf, dass die Interessen Ihres Unternehmens und die Interessen der Agentur übereinstimmen. Dies ist am ehesten gewährleistet, wenn ein Vertrag mit einer festen Laufzeit abgeschlossen wird, bei dem ein monatliches Fixhonorar vereinbart wird, in dem alle Leistungen „all inclusive" enthalten sind. Das ist besser, als ein etwas schmaleres monatliches Fixum zu vereinbaren, bei dem dann aber jede „Extra-Leistung" zusätzlich vergütet werden muss. Bei einem solchen Vertrag sind die Kosten für Sie schwerer zu kalkulieren; vor allem aber führt er die Agentur in Versuchung, Ihnen zusätzliche Leistungen zu „verkaufen", die weniger Ihrem Unternehmen nützen als den Erträgen der Agentur. Sie müssen sich dann nämlich bei jedem neuen Vorschlag fragen, ob die Agentur diesen Vorschlag wirklich in Ihrem oder eher im eigenen Interesse gemacht hat.

Grundsätzlich abzulehnen sind auch Vergütungsmodelle, bei denen die Agentur nach der Anzahl von Presseveröffentlichungen bezahlt wird. Ich habe solche Vereinbarungen stets abgelehnt. Denn ich weiß, dass viele Journalisten – zu Recht – sehr sensibel darauf reagieren, wenn sie erfahren, dass eine Agentur dafür bezahlt wird, dass sie eine bestimmte Anzahl von Artikeln „platziert". Ebenso unsinnig sind auch Vergütungsmodelle auf Stundenbasis. Denn dann müsste schließlich diejenige Agentur am meisten verdienen, deren Mitarbeiter besonders lange brauchen, um beispielsweise einen Text zu schreiben oder ein Kommunikationskonzept zu erarbeiten, während sich jene, die aufgrund langjähriger Erfahrung rascher Ergebnisse produziert, mit einem geringeren Salär begnügen müsste.

Sechstens: Seien Sie misstrauisch, wenn die Agentur vor allem besonders gut darin ist, beeindruckende, komplizierte, ausgeklügelte, umfangreiche und optisch schön aufbereitete „Kommunikationskonzepte" zu erstellen. Konzepte sind nur Mittel zum eigentlichen Zweck, der darin besteht, eine bestimmte mediale Resonanz zu erzielen. Seien Sie vorsichtig, wenn Ihnen Konzepte statt Ergebnisse präsentiert werden. Ein gutes Konzept ist weder lang noch kompliziert. Es ist kurz und in einer einfachen und allgemein verständlichen Sprache verfasst. Leider haben sich manche Agenturen allzu sehr darauf spezialisiert, in Präsentationen bei sogenannten „Pitches“ (also Wettbewerben mit anderen Agenturen) zu glänzen. Ich habe es stets abgelehnt, viel Zeit mit der Vorbereitung solcher „Pitches“ zu verbringen, denn besser ist die Zeit eingesetzt, wenn für die bereits bestehenden Kunden gearbeitet wird und gute Ergebnisse erzielt werden. Das wirkt dann auch für potenzielle neue Kunden anziehend.

Siebtens: Geben Sie Ihren internen und externen Kommunikationsberatern mindestens ein Jahr Zeit, bevor Sie ein Urteil über die Ergebnisse fällen. Es liegt in der Natur der Presse- und Öffentlichkeitsarbeit, dass Erfolge selten in wenigen Wochen oder Monaten erzielt werden können. Denn es braucht Zeit, ein Vertrauensverhältnis zu Journalisten und anderen Zielgruppen der Kommunikation aufzubauen. Sie sollen sehr anspruchsvoll sein, aber Sie müssen auch Vertrauen zu Ihrer Agentur haben. Wer seine Agentur unter Druck setzt, zerstört die Kreativität, die gerade im Kommunikationsbereich so wichtig ist.

Und nun? Sprechen Sie mit Ihren engsten Mitarbeitern über das, was Sie in diesem Buch gelernt haben. Wenn Sie wirklich Konsequenzen aus diesem Buch ziehen, dann werden sich Ihre Mitarbeiter wundern, weil sie auf einmal merken, dass Sie Prioritäten anders setzen als bisher. Sie mischen sich bei Themen ein, für die Sie sich bislang nicht interessiert haben, so etwa bei der Formulierung der Stellenanzeigen oder bei den Texten für Ihre Website. Sie fragen, ob Ihre Dienstleistungen oder Produkte bei Google gut positioniert sind. Sie nehmen sich viel mehr Zeit für Gespräche mit Journalisten und für die Vorbereitung Ihrer Reden. Sie irritieren Ihre Marketing- und Werbeleute, weil Sie kritisch geworden sind, wenn man Ihnen Wortschaum und austauschbare Phrasen präsentiert. Und vielleicht verkleinern Sie die Palette an Produkten und Dienstleistungen, damit Ihr Unternehmen klarer positioniert ist. Sie werden anspruchsvoller und fühlen Ihren Kommunikationsberatern auf den Zahn.

„Ist unser Chef verrückt geworden?“, fragen einige. Andere wiegeln ab: „Nein, der hat irgend so ein Buch gelesen oder war auf einem Seminar, aber das wird sich sicher schon bald wieder legen. Wart mal ab.“

Ich wünsche Ihnen, lieber Leser, dass sich „das“ nicht legt. Ich wünsche Ihnen, dass das Buch nachhaltig ☺ etwas bei Ihnen bewirkt hat …

Danksagung

Ich möchte den Managern, Unternehmern, Wissenschaftlern, Journalisten und Mitarbeitern danken, die das Manuskript kritisch gelesen und mir wertvolle Hinweise gegeben haben.

Dazu gehören Wolfgang Egger, Vorstandsvorsitzender der Patrizia Immobilien AG, Dr. Hans Volkert Volckens, Finanzvorstand der IVG Immobilien AG, Dr. Hubert Spechtenhauser, Geschäftsführer der Hannover Leasing GmbH & Co. KG, Prof. Dr. Stephan Bone-Winkel, Vorstand der Beos AG, Dr. Helmut Knepel, Vorsitzender des Aufsichtsrats der Feri EuroRating Services AG, Alexander Betz, Vertriebsvorstand der MPC Capital AG, Thomas Kuhlmann, Vorstand der Hahn-Immobilien-Beteiligungs AG, Georg Glatzel, Vorstandsvorsitzender der IFM Immobilien AG, François Hagdorn, Geschäftsführer der propertyAMI, Dr. Klaus-Dieter Schmidt, Geschäftsführer der Jamestown Vertriebs GmbH, Prof. Dr. Hans Mathias Kepplinger, Professor für Empirische Kommunikationsforschung am Institut für Publizistik der Universität Mainz, Dr. Thomas Löffelholz, ehem. Herausgeber und Chefredakteur der Tageszeitung „Die Welt".

Danken möchte ich auch den Mitarbeitern der Dr. ZitelmannPB. GmbH, insbesondere Dr. Alexander Knuppertz, Holger Friedrichs, Peter Dietze-Felberg, Sonja Schmitt, Katharina Loke und vielen anderen, die in der einen oder anderen Weise bei dem Buch geholfen haben.

Dank schließlich auch Frau Susanne Guidera sowie dem Lektor Herrn Dr. Harald Henzler und dem Korrektor Hans-Ulrich Seebohm.

Dr. Rainer Zitelmann, März 2012

Anmerkungen

Vorwort

1 Zitiert nach Gallo, Überzeugen, S. 17.
2 Rolke/Dost, S. 42 f.
3 Ebenda, S. 39.
4 Ries/Trout, Positioning, S. 21.
5 Edelman, S. 28.

1 Nehmen Sie sich genug Zeit für Kommunikation

1 Dieter Zetsche, zitiert nach Deekeling/Arndt, S. 22 f.
2 A. Ries/L. Ries, S. 190.
3 Egon Zehnder International, S. 16.
4 Deekeling/Arndt, S. 9.
5 Maslansky u.a., S. 6.
6 Farner, S. 8.
7 A. Ries/L. Ries, S. 16.
8 Schultz, zitiert nach ebenda, S. 155.
9 A. Ries/L. Ries, S.11.
10 Rolke/Dost, S. 46.
11 Ebenda, S. 46.
12 Ebenda, S. 62.
13 Ebenda, S. 85.
14 Ebenda, S. 127.
15 Ebenda, S. 142.

2 Formulieren Sie klare Botschaften

1 Gallo, Überzeugen, S. 83 ff.
2 Ebenda, S. 86.
3 Ebenda, S. 87 f.
4 Beckwith, S. 172 f.

3 Sprechen und schreiben Sie einfach

1 Zum Folgenden siehe Reinmuth, S. 309 ff.
2 Ebenda, S. 312.
3 Ebenda, S. 317.
4 Ebenda, S. 320 f.
5 Ebenda, S. 323.
6 Muschitz, S. 15.
7 Ogilvy, S. 155.
8 Samland, S. 13.
9 Ebenda, S. 18.
10 Ebenda, S. 127.
11 Muschitz, S. 32.

4 Kommunikation in der Krise: Die Wahrheit ist der beste Trick

1 Kepplinger, S. 22.
2 Ebenda, S. 88.
3 Fink, S. 90.

5 Sehen Sie die Medien nicht als Ihre Feinde

1 Roland Schatz, Spitzenmanagement in Meinungsführermedien, in: Repräsentanz Expert, S. 37–44, hier: S. 37.

6 Entdecken Sie die Macht der Positionierung

1 Nach der von Millward Brown erstellten Liste der wertvollsten Marken der Welt.

2 Fürweger, S. 57.

3 Ebenda, S. 58.

4 *Handelsblatt* vom 1.12.2011.

5 Zitiert nach: Lommel, S. 126.

6 Moon, S. 169.

7 Steve Jobs, Interview in *Fortune Magazine*, zitiert nach: Gallo, Was wir von Steve Jobs lernen können, S. 210.

7 – Vermeiden Sie Wortschaum

1 Beckwith, S. 212 f.

2 Samland, S. 28.

3 Ebenda, S. 32.

4 Ebenda, S. 83.

8 Verstehen Sie die Macht von Google

1 > BMW: http://edition.cnn.com/2006/BUSINESS/02/07/google/>

2 http://www.ftd.de/it-medien/medien-internet/:verstoss-gegen-richtlinien-google-bestraft-sich-selbst/60149720.html

9 Lernen Sie, wirkungsvoller zu präsentieren

1 Nancy Duarte, zitiert nach Gallo, Überzeugen, S. 14 f.

2 Werner Dieball, Auftrittswirkung im Corporate Speaking, in: Bazil/Woller, S. 103–122, hier: S. 117.

10 Ziehen Sie die richtigen Leute an

1 Wallace/Erickson, S. 254.

2 Ebenda, S. 251.

3 Welch, S. 67.

4 Ebenda, S. 171.

5 Ebenda, S. 41.

Literatur

Bazil, Vazrik / Wöller, Roland, Rede als Führungsinstrument. Wirtschaftsrhetorik für Manager – ein Leitfaden, Wiesbaden 2008

Beckwith, Harry, Selling the Invisible. A Field to Modern Marketing, New York, Boston 1997

Danz, Gerriet, Neu präsentieren. Begeistern und überzeugen mit den Erfolgsmethoden der Werbung, Frankfurt, New York 2010

Deekeling, Egbert / Arndt, Olaf, CEO-Kommunikation. Strategien für Spitzenmanager, Frankfurt, New York 2006

Edelman Trust Barometer 2012 Germany: „Citizen Renaissance: The rise of the individual"

Egon Zehnder International, Kommunikation aus Sicht von Vorstandsvorsitzenden: eine unterschätzte Herausforderung? 2011 (www.egonzehnder.com/de/.../kommunikation_vorstandsvorsitzende...)

Farner, Wie kommunizieren Manager? Befragung von Führungskräften in der Schweiz, www.farner.ch/managerumfrage/de.pdf

Fink, Steven, Crisis Management, Cincinnati 2002

Fürwegger, Wolfgang, Die Red-Bull-Story. Der unglaubliche Erfolg des Dietrich Mateschitz, Wien 2008

Gallo, Carmine, Was wir von Steve Jobs lernen können. Verrückt querdenken – Strategien für den eigenen Erfolg, München 2011

Ders., Überzeugen wie Steve Jobs. Das Erfolgsgeheimnis seiner Präsentationen, München 2011

Harvard Business Essentials, Crisis Management. Master the Skills to Prevent Disasters, Boston 2004

Kaputa, Catherine, Die Kunst der Selbstvermarktung, Berlin 2011

Kepplinger, Hans Matthias, Die Mechanismen der Skandalisierung. Zu Guttenberg, Kachelmann, Sarrazin & Co: Warum einige untergehen – und andere nicht, München 2012

Kohtes, Martin Maria / Schmidt, Renate: Besser schreiben. Gebrauchsanweisung für Briefe, Redemanuskripte und andere Texte, Berlin 2007
Lommel, Coocki, Schwarzenegger. A Man with a Plan, München, Zürich 2004
Maslansky, Michael u.a., The Language of Trust. Selling Ideas in a World of Skeptics, New York 2010
Moon, Youngme, Different. Escaping the Competitive Herd, New York 2010
Moos, Christoph, Deutsch für Manager. Fokussierte Stilblüten aus der globalisierten Welt der Sprach-Performance, Frankfurt a.M. 2008
Muschitz, Michaela, Klartext schreiben im Business. So formulieren Sie Ihre Texte schneller, verständlicher und wirksamer, Offenbach 2010
Ogilvy, David, Geständnisse eines Werbemannes, München 1991
Oltmanns, Torsten / Brunowsky, Ralf-Dieter, Manager in der Medienfalle, Köln 2009
Pfannenberg, Jörg / Zerfaß, Ansgar (Hrsg.), Wertschöpfung durch Kommunikation. Kommunikations-Controlling in der Unternehmenspraxis, Frankfurt a.M. 2010
Reinmuth, Marcus, Vertrauen schaffen durch glaubwürdige Unternehmenskommunikation. Von Geschäftsberichten und den Möglichkeiten und Grenzen einer angemessenen Sprache, Diss., Heinrich Heine Universität Düsseldorf, Germanistisches Seminar, 2006
Repräsentanz Expert (Hrsg.), Corporate Speaking. Auftritte des Spitzenmanagements. Positionierung, Executive Coaching, Dresscode, Frankfurt a.M. 2004
Ries, Al / Ries, Laura, PR ist die bessere Werbung!, Frankfurt a. M. 2002
Ries, Al / Trout, Jack, Marketing fängt beim Kunden an. Bottom-Up-Marketing – Taktik geht vor Strategie, Frankfurt a. M. 1996
Dies., Positioning: The Battle for Your Mind, Twentieth Anniversary Edition, New York u.a. 2001
Rolke, Lothar / Dost, Marei, Werbung und PR im Leistungstest. Eine

vergleichende Wirkungsstudie mit Sekundäranalyse, Experimenten und Empfehlungen für eine synergetische Markt- und Unternehmenskommunikation, Books on Demand (BoD), Norderstedt 2010

Ders. / Höhn, Johanna, Mediennutzung in der Webgesellschaft 2018. Wie das Internet das Kommunikationsverhalten von Unternehmen, Konsumenten und Medien in Deutschland verändern wird, Books on Demand (BoD), Norderstedt 2008

Samland, Bernd M., Übersetzt du noch oder verstehst du schon? Werbe-Englisch für Anfänger, Freiburg i. Br. u.a. 2011

Scherg, Christian, Rufmord im Internet. So können sich Firmen, Institutionen und Privatpersonen schützen, Berlin 2011

Schreiber, Hermann, Ich sag mal ... Der Quatsch, den wir so reden, Hamburg 2008

Spinnen, Burkhard, Gut aufgestellt. Kleiner Phrasenführer durch die Wirtschaftssprache, Freiburg i. Br. u.a. 2008

Tracy, Brian, Speak to Win. How to Present with Power in Any Situation, New York u.a. 2008

Trout, Jack, Große Marken in Gefahr. Was Sie aus den verhängnisvollen Fehlern bekannter Spitzenunternehmen lernen können, München 2002

Trout, Jack / Rivkin, Steve, Die Macht des Einfachen. Warum komplexe Konzepte scheitern und einfache Ideen überzeugen, Wien, Frankfurt a.M. 2001

Dies., Differentiate or Die. Survival in Our Era of Killer Competition, Chennai u.a. 2002

Wallace, James / Erickson, Jim, Mr. Microsoft. Die Bill-Gates-Story, Frankfurt a.M. , Berlin 1993

Welch, Jack (mit John A. Byrne), Was zählt. Die Autobiografie des besten Managers der Welt, München 2001

Zitelmann, Rainer, Die Macht der Positionierung. Kommunikation für Kapitalanlagen, Köln 2005